U0340830

国家出版基金项目
NATIONAL PUBLICATION FOUNDATION

有色金属理论与技术前沿丛书

大地电磁信号和强干扰的数学形态学分析与应用

MATHEMATICAL MORPHOLOGY ANALYSIS AND APPLICATION OF MAGNETOTELLURIC SIGNAL AND STRONG INTERFERENCE

李　晋　汤井田　著

中南大學出版社
www.csupress.com.cn

中国有色集团

内容简介

Introduction

该书以大地电磁法的信噪分离为研究背景，以数学形态学理论为主要分析手段，着重阐述数学形态学在大地电磁信号和强干扰分离中的应用。作者深入分析了数学形态学的基本理论，探讨了传统形态滤波、广义形态滤波和多尺度形态滤波的大地电磁强干扰分离方法；同时在形态滤波的基础上，研究了 Top-hat 变换、中值滤波和信号子空间增强的大地电磁二次信噪分离方法。书中涵盖的内容为改善矿集区大地电磁测深数据质量提供了一条新的解决途径，对大地电磁法探测结果的处理和解释具有重要的参考价值和借鉴意义。

该书内容丰富、数据翔实、结构严谨、可读性强，可作为地球探测与信息技术相关专业参考用书，也可供从事大地电磁测深相关领域技术人员和研究人员参考。

作者简介

About the Author

李　晋，男，1981 年出生，中南大学博士、博士后，现为湖南师范大学物理与信息科学学院副教授，湖南省青年骨干教师培养对象。2012 年毕业于中南大学，获地球探测与信息技术工学博士学位。主要从事矿集区大地电磁强干扰压制及信噪辨识研究，发表 SCI、EI 论文 10 余篇，主持国家自然科学基金、湖南省自然科学基金、中国博士后科学基金等多项科研项目。

汤井田，男，1965 年出生，博士，中南大学教授，博士研究生导师。1992 年毕业于中南工业大学，获工学博士学位。1994 年晋升教授，1998 年被评为博士研究生导师，同年以高级访问学者留学美国劳仑兹(伯克利)国家实验室；中国地球物理学会会员，美国勘探地球物理学家协会(SEG)会员。主要从事电磁场理论、应用及信号处理方面的研究，已发表学术论文 200 余篇。主持国家科技专项、国家“863”高技术研究发展计划、国家自然科学基金、湖南省自然科学基金等科研项目近 30 项。

学术委员会

Academic Committee

国家出版基金项目
有色金属理论与技术前沿丛书

编辑出版委员会

Editorial and Publishing Committee

国家出版基金项目
有色金属理论与技术前沿丛书

总序

Preface

当今有色金属已成为决定一个国家经济、科学技术、国防建设等发展的重要物质基础，是提升国家综合实力和保障国家安全的关键性战略资源。作为有色金属生产第一大国，我国在有色金属研究领域，特别是在复杂低品位有色金属资源的开发与利用上取得了长足进展。

我国有色金属工业近30年来发展迅速，产量连年来居世界首位，有色金属科技在国民经济建设和现代化国防建设中发挥着越来越重要的作用。与此同时，有色金属资源短缺与国民经济发展需求之间的矛盾也日益突出，对国外资源的依赖程度逐年增加，严重影响我国国民经济的健康发展。

随着经济的发展，已探明的优质矿产资源接近枯竭，不仅使我国面临有色金属材料总量供应严重短缺的危机，而且因为“难探、难采、难选、难冶”的复杂低品位矿石资源或二次资源逐步成为主体原料后，对传统的地质、采矿、选矿、冶金、材料、加工、环境等科学技术提出了巨大挑战。资源的低质化将会使我国有色金属工业及相关产业面临生存竞争的危机。我国有色金属工业的发展迫切需要适应我国资源特点的新理论、新技术。系统完整、水平领先和相互融合的有色金属科技图书的出版，对于提高我国有色金属工业的自主创新能力，促进高效、低耗、无污染、综合利用有色金属资源的新理论与新技术的应用，确保我国有色金属产业的可持续发展，具有重大的推动作用。

作为国家出版基金资助的国家重大出版项目，《有色金属理论与技术前沿丛书》计划出版100种图书，涵盖材料、冶金、矿业、地学和机电等学科。丛书的作者荟萃了有色金属研究领域的院士、国家重大科研计划项目的首席科学家、长江学者特聘教授、国家杰出青年科学基金获得者、全国优秀博士论文奖获得者、国家重大人才计划入选者、有色金属大型研究院所及骨干企业的顶尖专家。

国家出版基金由国家设立，用于鼓励和支持优秀公益性出版项目，代表我国学术出版的最高水平。《有色金属理论与技术前沿丛书》瞄准有色金属研究发展前沿，把握国内外有色金属学科的最新动态，全面、及时、准确地反映有色金属科学与工程技术方面的新理论、新技术和新应用，发掘与采集极富价值的研究成果，具有很高的学术价值。

中南大学出版社长期倾力服务有色金属的图书出版，在《有色金属理论与技术前沿丛书》的策划与出版过程中做了大量极富成效的工作，大力推动了我国有色金属行业优秀科技著作的出版，对高等院校、研究院所及大中型企业的有色金属学科人才培养具有直接而重大的促进作用。

王淀佐

2010 年 12 月

前言[①]

Foreword

大地电磁强干扰分离技术一直是大地电磁测深领域的研究热点和难点。迄今为止，它的研究工作已经取得了许多成果，但随着人类文明的不断发展，重工业密集等因素造成的环境噪声以及人类活动等因素造成的人文电磁噪声日益严重，导致大地电磁测深数据受到严重污染，大地电磁测深工作面临巨大困难。现有的大地电磁强干扰分离方法在矿集区实际应用和测试中表现出诸多不足，这一领域面临的困难和挑战也日益加剧。因此，为了提高大地电磁测深数据质量，抑制噪声干扰已成为当务之急。研究大地电磁强干扰的特征，提出有针对性的大地电磁强干扰分离方法，对改善大地电磁测深数据质量以及对大地电磁法探测结果的处理和解释具有重要意义。本书正是在这一背景下，在国家科技专项（SinoProbe - 03）、国家自然科学基金（41404111、41104071）、国家高技术研究发展计划（863 计划）(2014AA06A602)、湖南省自然科学基金(2015JJ3088)和中国博士后科学基金(2015M570687)的联合资助下，利用数学形态学理论对大地电磁强干扰分离方法进行了深入研究，具有重要的理论和实际意义。

本书基于数学形态学的思想，对大地电磁强干扰分离及应用展开了分析，重点研究了传统形态滤波、广义形态滤波和多尺度形态滤波的大地电磁强干扰分离方法，并引入数学形态谱和非线性动力学行为中的递归图对大地电磁信号和强干扰进行信噪辨识；同时，在形态滤波的基础上，研究了 Top-hat 变换、中值滤波

① 本书得到国家科技专项(SinoProbe - 03)、国家自然科学基金(41404111、41104071)、国家高技术研究发展计划(863 计划)(2014AA06A602)、湖南省自然科学基金(2015JJ3088)和中国博士后科学基金(2015M570687)联合资助

和信号子空间增强的大地电磁二次信噪分离方法。全书通过理论分析、模拟仿真以及实际应用等手段，围绕数学形态学开展大地电磁强干扰分离的研究工作，其主要贡献和创新总结如下：

(1)研究了五种典型的大地电磁强干扰类型的特征规律，分析了矿集区主要的噪声来源。对一类点分别添加类方波干扰和类充放电三角波干扰，从时间域波形和卡尼亚电阻率测深曲线两方面研究了典型噪声干扰对大地电磁数据质量的影响情况。

(2)数值模拟了典型的单一噪声干扰，研究了不同类型结构元素及尺寸的去噪性能，讨论了结构元素长度及类型的选取规律。

(3)针对 V5 - 2000 不直接提供读取时间序列的软件，剖析了该仪器的数据采集格式，实现了大地电磁原始资料的读取及还原。提出了基于传统形态滤波的大地电磁信噪分离方法，分析了不同类型结构元素及同一类型、不同尺寸结构元素的去噪性能。

(4)构建了组合广义形态滤波器，提出了基于组合广义形态滤波的大地电磁强干扰分离方法。在青海柴达木盆地开展了相关试验研究，选取了具有一定代表性的试验点进行组合广义形态滤波处理。对比了时间域波形和卡尼亚电阻率 - 相位测深曲线的改善情况，分析了该方法对包含比较单一的噪声干扰测点的去噪效果。对矿集区强干扰测点进行了组合广义形态滤波处理，综合评价了该方法对包含复杂噪声干扰类型的强干扰测点的噪声抑制能力，并采用非线性共轭梯度法考查了形态滤波对提高大地电磁测深数据的改善情况。

(5)研究了多尺度形态学的基本原理，引入了数学形态谱和非线性动力学行为中的递归图法对大地电磁信号和强干扰进行信噪辨识研究。构建了加权多尺度形态滤波器对大地电磁信号进行全方位扫描，从时间域波形和卡尼亚电阻率曲线两方面对测试信号、实测大地电磁数据和矿集区实测点进行分析，对比了传统形态滤波的噪声压制效果，利用递归图定性评价了大地电磁信噪分离的去噪性能。

(6)在数学形态滤波的基础上，提出了基于 Top-hat 变换、中值滤波和信号子空间增强的大地电磁二次信噪分离方法。针对形态滤波提取的噪声轮廓或重构信号，进一步分离出包含大尺度低频细节成分的有用信号。对矿集区强干扰测点进行了二次信噪分离处理，对比分析了组合广义形态滤波和二次信噪分离方法的卡尼亚电阻率－相位测深曲线的改善情况，综合评价了两种方法在保留低频缓变化信息方面的优势，以及对大地电磁测深数据质量的改善效果。

通过以上研究表明，基于数学形态学的大地电磁强干扰分离方法有效地剔除了大地电磁强干扰中的大尺度干扰和基线漂移，较好地还原了大地电磁原始信号特征，改善了大地电磁测深数据质量。由于数学形态学运算速度快，具有潜在优势，为矿集区海量大地电磁信号与强干扰的分离提供了一条新的解决途径，应用前景广阔。随后，总结了全书的主要内容和创新点，讨论了数学形态学在大地电磁强干扰分离中的不足之处，并对下一步研究工作的开展提出了一些建议。

本书是作者长期从事大地电磁信号和强干扰压制及信噪辨识研究的结晶，书中所引用的实例都是近年来作者科研成果的体现。本书在撰写过程中，广泛吸取了国内外相关文献的精华，并尽量反映了国内外在大地电磁噪声压制、数学形态学分析、数字信号处理等领域的最新研究成果和进展。本书的出版得益于中南大学出版社的大力支持，在此表示感谢！在撰写过程中，本书参考了大量相关领域的文献，已列示于书后的参考文献部分，但仍可能有遗漏。在此谨向已标注和未标注的参考文献的作者们表示诚挚的谢意和由衷的歉意！

由于作者水平有限，书中难免有疏漏和不妥之处，衷心希望广大读者不吝赐教。

目录

Contents

第1章　绪论

1.1　研究目的和意义

地球不仅给人类提供生活必需的水、粮食及众多能源，同时也给人类带来地震、洪水、海啸、火山等自然灾害。通过对地球进行深部探测是人类不断探索大自然奥秘的追求，也是保障人类自身安全、开发地球资源的基本需求[1]。20世纪70年代以来，各国的地球科学家开展了一系列的深部探测计划[2]。这些深部探测计划的实施拓宽了人类对地球资源进一步探索的空间，增强了人类对生命演化过程的认识，是目前主要发达国家实现可持续发展的科技战略手段。

随着我国经济的高速发展，资源储备急剧下降，现有能源和重要矿产资源对社会经济可持续发展的保障程度日渐下滑，导致资源的供需矛盾日益突出。为了满足我国经济的高速发展对各种资源的需求，必须提高资源勘查水平、增大勘探深度，不断向地球深部获取资源。2008年，在我国财政部和科技部的支持下，国土资源部组织并实施了“地壳探测工程”的培育性启动计划——“深部探测技术与实验研究”专项(SinoProbe)。在科学发展观指导下，专项将引领地球深部探测，服务于资源环境领域，并围绕深部探测实验和示范，在全国部署“两网、两区、四带、多点”的深部探测技术与实验研究工作[3]。专项的启动标志着我国地球科学在深部探测领域拉开了序幕，并突破我国深层资源的找矿“瓶颈”、开辟了“第二找矿空间”。

地球物理方法无疑是寻找深部隐伏矿产资源的有力手段，尤其是电磁法，在勘查深部结构和金属矿方面有着不可替代的作用。大地电磁测深法(Magnetotelluric, MT)自20世纪50年代初由苏联科学家Tikhonov和法国科学家Cagniard提出至今，以野外施工简便、成本低廉、探测深度大、垂向分辨能力和水平分辨能力高等优点，在探测地壳深部结构方面已得到广泛应用[4, 5]。近年来，随着数字信号处理技术和计算机技术的不断创新及突破，大地电磁测深法的应用范围得到了飞速拓展，已逐渐成为矿产资源勘查、地下水、地热资源勘探、油气普查、地震预报、岩石圈深部结构探测、固体矿产深部找矿、水文、海洋地质及环境地质调查等诸多领域中的一种重要手段，并取得了丰硕成果[6~12]。

本课题的研究背景主要来源于国家科技专项“深部矿产资源立体探测及实验

研究”(SinoProbe－03)，其目的是在长江中下游成矿带和典型矿集区开展立体探测工作，研究成矿带的区域构造演化历史、区域成矿规律和岩石地球化学，以揭示成矿带形成的深部构造背景、动力学工程及其对成矿系统形成和演化的制约机制等[13, 14]。

该项目需要在铜陵、庐江—枞阳(庐枞)、于都—赣县等矿集区进行大地电磁探测工作。由于天然大地电磁场频带范围宽且本身信号极其微弱，实际观测到的大地电磁信号是典型的非线性、非平稳信号[15, 16]。考虑到电磁场的激发机制不同，大地电磁信号所表现出来的频谱及形态特征亦各有差异。随着我国社会经济的高速发展，电网、电话网等已经在广大地区普及，各种大型工厂、矿山在各地建立，导致电磁噪声干扰日益严重，对大地电磁测深工作的开展带来了极大的挑战[17]。特别是在矿集区，人烟稠密、现代通讯设备发达、交通发达及矿产资源丰富、矿山的开采、冶炼及与其配套的重工业密集等因素形成的电磁噪声和人文噪声非常复杂，导致开展大地电磁测深工作及数据处理都相当困难；同时，由于野外观测的数据不可避免地会受到各种噪声的干扰，采集的数据其重复性和一致性会变差，曲线参数的抗噪声干扰能力也会随之降低，从而引起大地电磁阻抗估算偏差严重及测量得到的视电阻率值过度失真等状况，导致不能客观地反映地下电性分布，甚至得到错误的解释结论，这些都给地球物理勘探工作带来了巨大困难，极大地影响了地下物性结构和电性分析的可解释性及采集数据本身的可靠性，而无论是研究深部地质构造还是寻找深部隐伏盲矿体，都不可能完全避开强干扰地区[18]。如何应用现代数字信号处理技术剖析大地电磁强干扰特征、对大地电磁信号中的强干扰进行有效压制及分离是取得良好勘探结果的必要前提，从而得到无偏的阻抗估计[19~22]。因此，分析大地电磁强噪声干扰的特征规律，研究大地电磁强干扰分离技术，将对改善大地电磁测深数据质量，以及对大地电磁法探测结果的处理和解释具有重要意义，同时对探测地壳精细结构、寻找深部控矿构造具有非常重要的实际应用价值[23~27]。

数学形态学(Mathematical Morphology, MM)是1964年由法国数学家Matheron G和他的博士生Serra J提出的一种非线性信号分析方法[28]。数学形态学最早是以图像的形态作为研究对象，现已成功应用于图像处理、图形分析、计算机视觉等工程实践领域。形态滤波器作为一种新型有效的非线性滤波技术随之产生，并已被逐步推广到一维信号处理领域，比如语音增强、电能扰动、振动信号处理等，很快得到了不同程度的研究及应用[29~31]。

本书将数学形态学引入到矿集区大地电磁强干扰分离基于以下两个条件：

(1)鉴于时间域中大量出现的大地电磁强干扰其类型具有类周期性，选择不同长度及类型的结构元素可以将叠加在微弱大地电磁有用信号上的强噪声干扰轮廓进行提取，从而剔除强干扰、实现信噪分离。

(2)矿集区面临的大地电磁信号数据量庞大，数学形态学具有原理简单、并行运算速度快的优势，适合矿集区中海量大地电磁数据资料分析及研究。

因此，数学形态学为从矿集区强噪声干扰中分离出大地电磁信号提供了可能。本书根据大地电磁信号的特点规律，尝试性地引入数学形态学进行探讨，在时间域对矿集区不同类型的大地电磁强噪声干扰进行信噪分离研究，系统讨论传统形态滤波、广义形态滤波和多尺度形态滤波在大地电磁信噪分离中的应用，并引入数学形态谱和非线性动力学行为中的递归图对大地电磁信号和强干扰进行信噪辨识；同时，在形态滤波的基础上，结合 Top-hat 变换、中值滤波和信号子空间增强对形态滤波提取的噪声轮廓或重构信号进行二次信噪分离研究，以获取更有效、优质的大地电磁测深数据。

1.2 研究现状及面临的问题

1.2.1 国内外研究现状

大地电磁测深理论提出至今，噪声问题一直困扰着广大大地电磁研究者，如何消除大地电磁信号中的噪声干扰，提高大地电磁测深数据质量，是国内外长期瞩目并不断取得进展的研究课题。

短时傅立叶变换(Short-time Fourier Transform, STFT)：通过采用滑动窗口截取信号进行 Fourier 变换，从而获得时变信号局部区域的频谱。然而，短时傅立叶变换不能在时间域和频率域两个方向同时获得最高的分辨能力[32]。因此，该方法难以满足对非平稳性的大地电磁信号进行高精度分析的要求。Vozoff K 和 Hermance J F 在 1972 年从大地电磁场的基本关系出发，在傅立叶谱分析的基础上提出最小二乘法，从而得到六种计算阻抗张量要素的算法[33, 34]。Kao D W 和 Rankin D 在 1977 年提出利用互功率谱和由四种阻抗估算得到的自功率谱的平均值重新估算阻抗，消除不相关噪声[35]。Gamble 在 1978 年提出了完全不用自功率谱而仅采用互功率谱进行阻抗估算的方法[36]。

远参考道大地电磁测深法(Remote Reference MT, RRMT)：由 Gamble 在 1979 年提出，该方法要求在距离测点一定范围内观测磁场信号的变化，并与勘探点的资料进行相关处理，消除非相关噪声[37]。熊识仲在 1990 年对比了远参考的大地电磁测深和一般的大地电磁测深效果，发现在探测深度、分辨率、电性分层等方面，远参考的大地电磁数据效果更加明显[38]。杨生和鲍光淑在 2002 年从信号检测的角度阐述了远参考的原理，并讨论了抑制各种噪声干扰的效果[39]。陈清礼和胡文宝在 2002 年对远参考点与测量点的距离范围进行研究，发现距离较远或较近的磁场信号对大地电磁信号进行远参考的效果及一致性良好[40]。

Robust：由国外学者通过综合分析大地电磁资料的误差分布规律，提出的大地电磁阻抗张量估算方法[41, 42]。Sutamo D 和 Vozoff K 在 1989 年提出先采用最小二乘法估算初始阻抗，然后求解尺度参数、权系数和残差，再利用相位估算阻抗振幅进行回归估算的相位圆滑 Robust 法[43]。Sutamo D 和 Vozoff K 在 1991 年将 Robust 法应用到大地电磁资料处理中，并以回归残差作为权系数，获得了较好的阻抗估算效果[44]。江钊和刘国栋在 1993 年讨论了在大地电磁资料处理中应用 Robust 法进行估计的初步应用效果[45]。张全胜和杨生在 2002 年讨论了 Robust 估计的优点，从整体上论证了 Robust 法的效果明显优于常见的大地电磁处理方法[46]。柳建新和严家斌在 2003 年提出了相关归一的 Robust 估计法，并在海底环境下获得了更为理想的阻抗估算值[47]。

小波变换（Wavelet Transform，WT）：由法国地球物理学家 Morlet J 在 1974 年提出的一种具有多分辨率、多尺度和良好时频分析能力的数学方法。该方法具有良好的时频局域性和自适应性，可对信号的不同频率成分进行分析，既可观察信号的全貌又可对感兴趣信号的微小细节进行研究，从这个意义上说，它被誉为"数学显微镜"[48~50]。宋守根和汤井田在 1995 年提出了运用小波分析对大地电磁测深中的静态效应进行相关识别、分离及压制的方法，取得了较好的效果[51]。何兰芳和王续本在 1999 年将小波分析引入到大地电磁噪声压制中，取得了不错的效果，主要是通过将大地电磁信号的时间序列分解成若干个不同频率的时间序列块，并对噪声干扰比较集中的时间序列块进行抑制，然后再将其他的时间序列进行重构，从而达到去噪的目的[52]。徐义贤和王家映在 2000 年提出了基于连续小波变换的大地电磁信号谱估计方法，通过引入相关统计参数，对白噪声和局部相关噪声在信号分解及重构的过程中进行噪声压制[53]。Trada D O 和 Travssos J M 在 2000 年利用小波域的不同尺度对大地电磁数据进行噪声压制，并采用 Robust 法估算阻抗[54]。刘宏在 2004 年讨论了小波变换在大地电磁信号去噪分析中的适定性问题，为小波分析应用于大地电磁信噪分离建立了理论依据[55]。严家斌和刘贵忠于 2007 年在小波域中分析了脉冲干扰类型的特征，提出采用迭代回归方法来分离该类噪声干扰，从而获得相关性较高、信号能量损失较小的大地电磁有用信号[56]。范翠松在 2010 年利用小波变换的方法对大地电磁数据中的方波噪声进行了降噪处理，通过采用重组低频干扰消除噪声，并按照常规方法求解功率谱，信噪比得到了提高[57]。

高阶统计量（Higher-order Statistics，HOS）：最早可追溯到 1900 年 Person 关于矩方法的研究，20 世纪 80 年代后期在信号处理领域得到了迅速发展。该方法基于功率谱和自相关本身所存在的问题进行分析，用来压制加性高斯有色噪声，检测、辨别微弱信号，以及辨识或重构非最小相位和非因果信号[58~60]。王书明和王家映在 2004 年利用高阶统计量方法证明了大地电磁信号是非高斯的，并讨论了在高斯有色干扰环境下的噪声抑制能力[61~63]。王通在2006年应用高阶统计量对EH-4采集的大地电磁时间序列数据进行互功率谱及自功率谱的重构，对比分析了周期图功率谱估计法[64]。蔡剑华在2010年提出在复杂噪声环境下，利用高阶谱实现功率谱与瞬态信号频率的正确估算[65]。余灿林在2009年提出采用自适应滤波压制大地电磁信号中的工频干扰和振动干扰，并从理论上推导了噪声对阻抗估算的影响，以及LMS和RLS两种算法的失调、参数选择等特性[66]。

Hilbert-Huang变换(Hilbert-Huang Transform，HHT)：由1998年美籍华人Huang N E提出的一种新的非线性、非平稳信号的处理技术[67]。该方法通过对信号进行经验模态分解(Empirical Mode Decomposition，EMD)，采用硬阈值或软阈值法对信号进行重构，以提高信噪比、滤除大尺度的随机干扰[68,69]。汤井田和化希瑞在2008年首次提出将HHT应用到电法勘探中，并成功运用EMD对大地电磁信号矫正基线漂移及压制工频干扰[70]。由于EMD分解的多分辨性、自适应性和Hilbert时频谱的精确分辨性，导致HHT在诸多领域都取得了令人瞩目的成果[71~73]。汤井田和蔡剑华在2009年运用HHT对实测大地电磁数据进行分析和处理，结果表明Hilbert能量谱在时频域的具体分布上具有较强的非稳态时频辨识性能[74]。蔡剑华和龚玉蓉在2009年提出利用EMD和Hilbert谱系统分析大地电磁数据中的噪声分布特征及规律，从而改善资料的质量[75]。Cai J H和Tang J T在2009年利用Hilbert谱进行阻抗张量估算，使大地电磁数据非平稳性带来的估算偏差最小化[76]。蔡剑华和汤井田在2010年提出通过Hilbert谱沿时间轴积分得到边际谱抑制能量较强的白噪声，其频率分辨率和估算精度均高于傅立叶变换[77]。于彩霞和魏文博在2010年提出利用HHT对海底大地电磁测深数据进行处理[78]。覃庆炎和王绪本在2011年研究了EMD方法在长周期大地电磁测深数据去噪中的应用[79]。罗皓中和王绪本在2012年研究了基于EMD和小波变换的长周期大地电磁信号去噪方法[80]。

近年来，随着数字信号处理技术的飞速发展，一些新的信号处理方法不断被引入到大地电磁噪声干扰的识别和压制中。景建恩和魏文博在2012年研究了基于广义S变换的大地电磁测深数据处理方法，在时频域进行分析，通过增加频谱系数的个数，改善了大地电磁阻抗张量的估算质量[81]。Kappler K N在2012年提出了一种通过方差比识别噪声，利用维纳滤波滤除脉冲噪声的方法，提高了低频段的MT数据质量[82]。Chen J和Heincke B在2012年研究了EMD在非稳态时间序列中固有模态函数的分解问题，得到了比傅立叶变换更为稳健的视电阻率和相位[83]。王辉和魏文博在2014年研究了同步大地电磁时间序列依赖关系的噪声处理方法，结合参考道的数据合成了本地道含噪时段的新数据，有效地抑制了中高频段的近场效应[84]。

人机联作去噪法：基于可视化技术的思想，将大地电磁原始数据通过计算机图形界面显示处理，并使用人机联作的方式去除噪声。德国 Metronix 公司在 2003 年研发了 GMS－06 配套电磁测量实时处理系统，该系统具备人机联作可视化去噪功能。王大勇和范翠松在 2010 年提出采用人机联作法对矿集区实测大地电磁信号进行去噪处理。考虑到噪声干扰的随机性，不同时间段所对应的子功率谱其数据质量亦是有区别的[85]。前人的研究成果表明，不论采取何种方法或技术进行去噪处理，人工筛选功率谱在最后阶段往往是缺一不可的，即对抑制噪声后的重构数据所包含的子功率谱进行分析处理，保留数据质量较高、符合大地电磁功率谱逻辑的子功率谱，从而改善大地电磁资料的整体质量[86]。

1.2.2 面临的主要问题

分析国内外相关文献可知，尽管大地电磁法在压制非相关高斯噪声、获得无偏阻抗估计方面取得了很大进展，但由于电磁噪声的复杂性，以及随着人类社会、经济活动的加剧，人文电磁噪声日趋严重。实际观测的大地电磁信号是典型的非线性、非平稳信号，目前的大地电磁去噪方法其去噪能力都存在一定的局限性。

基于 Fourier 变换分析大地电磁信号必须满足一定的前提条件，比如假设大地电磁场是平面电磁波、地质模型是最小相位系统模型及大地电磁信号是高斯分布状态等要求。显然，实测大地电磁数据并不满足以上前提。因此，采用 Fourier 变换来分析和处理大地电磁信号在理论基础上有着明显的不足[87]。最小二乘法是以功率谱计算为基础的，当噪声是不相关噪声时，道与道之间的信号无关，噪声与噪声之间也不相关，导致自功率谱受到相关噪声干扰的影响，结果严重偏离真值[88]。互功率谱法虽然对不相关噪声具有一定的噪声抑制能力，但电磁噪声是相关噪声，一般都会同时影响各道的电磁信号。另外，由于观测时间有限，数据叠加求和的个数也是有限的。因此，获得的误差往往不满足正态分布的前提，导致该方法滤波效果不理想[89]。远参考法在电磁勘探中具有较强的抗干扰能力，从理论与实践结果看，能消除同一测点各道之间的不相关电磁干扰，并对各道之间同源电磁干扰也有非常好的效果，是一种能较大改善大地电磁数据质量以及能有效抑制人文电磁噪声干扰的方法。但是，经远参考处理后，在受到强噪声干扰的地区，误差棒在不同程度上会出现明显增大的现象。另外，选择参考道的距离范围也是一个难点，通常难以保证所选的远参考点与测点之间的噪声是不相关的[90, 91]。Robust 法虽能有效弥补最小二乘法在阻抗估算上的缺陷，且能有效降低视电阻率－相位曲线的分散性、剔除大地电磁资料中的非高斯正态分布噪声，但 Robust 法对输入端的噪声干扰无能为力，且无法消除噪声较多、能量较强时的近源电磁相关噪声对大地电磁数据的影响[92, 93]。小波变换是通过可调的时频窗来实现信号的多尺度、多分辨率分析，该方法虽可用于压制大地电磁局部相关噪声，但小波变换的有效性过分依赖于小波基函数的选取，难以根据复杂的干扰信号选择合适的小波函数。其次，在小波分析中，小波基函数一经选择，在分解与重构过程中将无法改变，即在信号分析方面缺乏自适应性，有时甚至会随着尺度的增大，减弱相应正交基函数频谱的局部特征，这时对大地电磁信号进行更精细地分解将受到一定的约束[94~96]。自适应滤波由于需要独立的参考信号及先验知识，对滤波器阶数和收敛因子的选取相当困难，只能通过仿真来找到最优解，且计算时间长，难以在实际中应用[97, 98]。与小波变换相比，虽然 HHT 不需要选择基函数，且具有更强的时频刻画能力。但是，由于 EMD 方法是根据人为经验提出的算法，并没有系统严谨的理论框架作为基础，而且 HHT 算法本身有许多方面需要完善，比如如何改善模态混叠或端点效应等问题。另外，因为 EMD 分解是自适应的，无法揭示每时段的频率特性和能量差异所具有的细微性变化，分解得到的固有模态函数(Intrinsic Mode Function，IMF)具有多分辨性。对于每阶 IMF 分量在大地电磁信号中的物理意义还有待进一步探究，且该算法占用大量运算时间，不适合实测大地电磁信号处理[99~101]。人机联作法虽能较好地提升大地电磁测深数据质量、降低强噪声干扰的能量幅值，但操作时由于参与了太多的人为因素，往往耗费很多时间和精力。因此，该方法不适合处理观测周期长和噪声较多的数据，且操作人员必须具备相当丰富的噪声识别经验，否则处理效果会适得其反。

矿集区中经济发达、矿山密布、人烟稠密、矿山开采的大功率直流电机车、高压电网、电视塔、各种金属管网、广播电台、雷达、通讯电缆及信号发射塔等造成的电磁干扰，严重污染了实测大地电磁数据，导致大地电磁数据采集与处理相当困难。

图 1－1 所示为庐枞矿集区某测点的一段时间域波形。其中，横坐标表示时间，即不同采样率时的采样点数，纵坐标的电道单位为 mV，磁道单位为 nT。

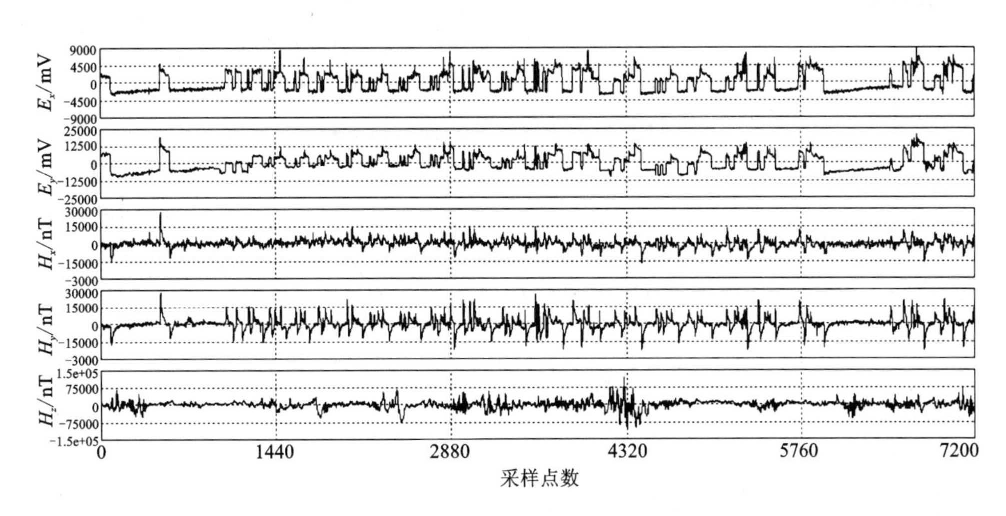

图 1－1　庐枞矿集区某测点的时间域波形

从图 1 - 1 可知，该测点采集的电道 E_x、E_y 和磁道 H_x、H_y 中包含大量的突跳、异常波形，且能量幅值远大于正常的大地电磁信号。由此可知，该测点采集的数据受到了矿集区复杂的噪声环境影响，导致信噪比降低。

图 1 - 2 和图 1 - 3 所示为该测点的视电阻率曲线和相位曲线。

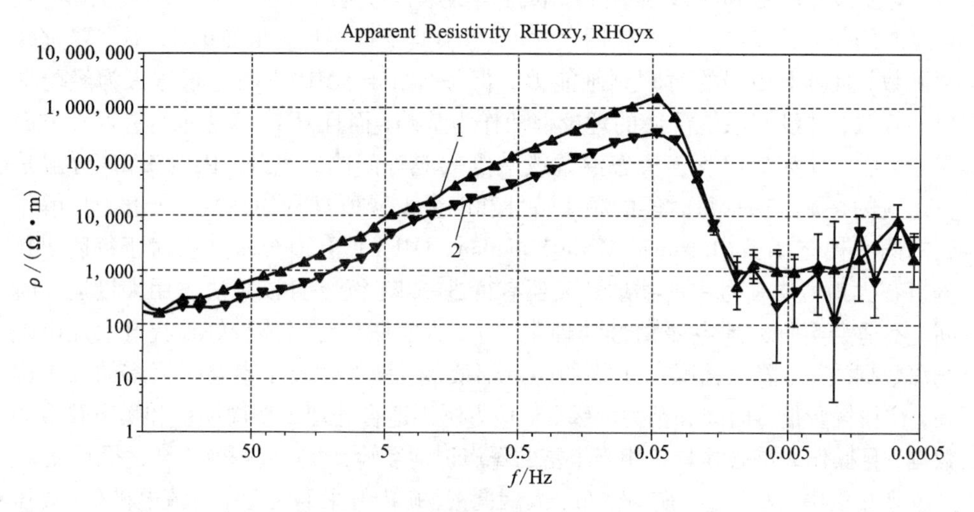

图 1 - 2　庐枞矿集区某测点的视电阻率曲线

1—yx 方向；2—xy 方向

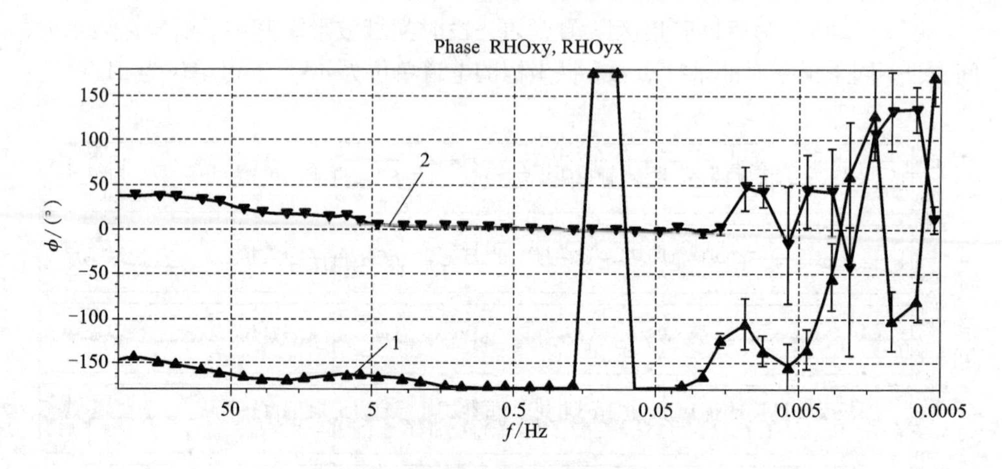

图 1 - 3　庐枞矿集区某测点的相位曲线

1—yx 方向；2—xy 方向

分析图 1 - 2 和图 1 - 3 可知，大约在 0.05 ~ 100 Hz 频段，视电阻率曲线以近 45°渐进线快速上升，在 0.08 Hz 时，视电阻率值竟然超过 1000000 Ω · m，且曲线较为光滑、误差棒很小，对应的相位近似呈0°或-180°。当频率小于这个频段时，视电阻率值突然下降至1000 Ω·m左右的正常水平，但视电阻率-相位曲线的鲁棒性明显变差、误差棒增大且跳变剧烈。该现象与CSAMT曲线的近区特征几乎一致，属于典型的近源干扰。经调查，这种现象主要是由于矿集区矿山开采过程中大功率直流电机车等复杂因素造成的。

目前，在矿集区尚没有能有效处理这类严重且复杂干扰的方法。因此，如何从矿集区微弱的大地电磁信号中压制或分离出强噪声干扰是一项极具挑战性的工作。

1.3 本书主要研究内容

本书主要依托国家科技专项“深部探测技术与实验研究”(SinoProbe)下属的“深部矿产资源立体探测及实验研究”(SinoProbe-03)及国家自然科学基金“基于形态和能量的大地电磁自适应高精细信噪分离方法研究”(41404111)和“基于数学形态学的大地电磁信号与强干扰分离方法研究”(41104071)，在矿集区开展大地电磁信号和强干扰分离方法研究工作。

由于矿集区大地电磁噪声类型复杂多样，且能量幅值强、相关性好，其频谱通常分布在宽频带、甚至是全频带范围内，导致现有的频率域处理方法对该类强噪声干扰无能为力。针对这一系列不利因素及实际情况，鉴于国内对资源的强劲需求和快速处理矿集区海量大地电磁数据，本书另辟蹊径，考虑从时间域寻找有针对性的方法，在矿集区获取高品质的大地电磁测深数据。理想的办法是在时间域将大地电磁信号与这类强干扰分离，从而获得“纯净”的大地电磁信号。

数学形态滤波的主要优势在于不需要考虑噪声的类型，只需要选择与目标信号相匹配的结构元，设计合适的滤波器就能较好地还原目标信号的原始特征，且运算速度快[102, 103]。对矿集区实际测量的大地电磁时间序列进行分析，虽然我们无法确定哪些是“纯净”的大地电磁信号，但却可以基本认定哪些不是大地电磁信号。在正常情况下，当不存在外来噪声干扰时，大地电磁信号的视电阻率曲线随频率变化的斜率通常不超过45°，不应该出现诸如“尖峰”和梯度过大的“突变”。此外，通过对测点原始数据的时间序列进行分析可以发现，各种强噪声干扰的时间序列具有一定的特征。因此，只要能设计出合适的形态滤波器，在时间域中将这些确定不符合大地电磁场特征的信号提取出来，并从原始信号中予以剔除，就可以分离出基本“纯净”的大地电磁信号，然后进行阻抗估算求解视电阻率-相位曲线，从而压制及分离各种强噪声干扰对实测数据的影响[104~106]。

本书以数学形态学理论为基础，从大地电磁测深信号的形态出发进行去噪研究；对大量的大地电磁测深资料进行分析，获取其形态信息；通过设计合适的形态滤波器，识别出不符合大地电磁信号特征的噪声干扰。本书通过这一“逆向”的研究过程，增强对大地电磁信号以及大地电磁强干扰的认识。书中主要探讨传统形态滤波、广义形态滤波和多尺度形态滤波在大地电磁强干扰分离中的应用，并引入数学形态谱和非线性动力学行为中的递归图法对大地电磁信号和强干扰进行信噪辨识；同时，在数学形态滤波的基础上，结合 Top-hat 变换、中值滤波和信号子空间增强对形态滤波提取的噪声轮廓或重构信号进行二次信噪分离研究，以不断“逼近”大地电磁信号的原始形态。通过理论分析、模拟仿真和实际资料处理，综合评价基于数学形态学的大地电磁强干扰分离方法对提高大地电磁测深数据质量的改善情况。本研究将为矿集区大地电磁信号与强干扰的分离提供一条新的解决途径，应用前景广阔。

本书主要研究内容如下：

(1)研究矿集区五种典型强干扰类型的特征规律，分析矿集区实测大地电磁噪声源的成因。通过对一类测试点添加实测类方波干扰和类充放电三角波干扰，从时间域波形和卡尼亚电阻率测深曲线两方面讨论典型噪声干扰对大地电磁数据质量的影响状况。

(2)根据矿集区大地电磁噪声干扰特征，在时间域模拟典型的大地电磁强干扰信号进行仿真实验，选择滤波误差和信噪比两个参数评价形态滤波器的去噪性能，并针对单一强噪声干扰类型，系统地研究结构元素的长度及类型的选择方案。

(3)剖析 V5－2000 大地电磁测深系统的数据采集格式，实现大地电磁原始资料的读取及还原。运用传统形态滤波对实测大地电磁数据进行去噪处理，从时间域波形的改善情况分析结构元素类型及尺寸的去噪效果。研究广义形态滤波器的基本原理，为了有效抑制待处理信号中的噪声干扰及修正统计偏倚现象，选用合理的结构元素及形态变换组合，将正、负结构元素级联构建组合广义形态滤波器。

(4)在青海柴达木盆地开展相关试验研究，选取具有一定代表性的试验点进行组合广义形态滤波处理。根据时间域波形和卡尼亚电阻率－相位测深曲线的改善情况，系统分析该方法对包含比较单一的噪声干扰测点的去噪效果。对矿集区强干扰测点进行组合广义形态滤波处理，综合评价该方法对包含复杂噪声干扰类型的强干扰测点的去噪性能，并采用非线性共轭梯度法考查形态滤波对提高大地电磁测深数据质量的改善情况。

(5)研究数学形态谱和非线性动力学行为中的递归图法在大地电磁信噪甄别中的应用，在多尺度形态学的基础上，构建加权多尺度形态滤波器对大地电磁信号进行全方位扫描，从时间域波形和卡尼亚电阻率曲线两方面对测试信号、实测大地电磁数据和矿集区实测点进行分析，利用递归图定性评价大地电磁信噪分离的去噪性能。

（6）对形态滤波提取出的噪声轮廓运用 Top-hat 变换进行二次信噪分离，利用 Top-hat 变换对波峰和波谷的检测能力，在分离大尺度强干扰的同时尽量保留大地电磁低频有用信号。通过对实测大地电磁典型强干扰类型进行分析，从时间域波形的统计参数和相似度两个方面讨论 Top-hat 变换在保留缓变化信息方面的优势。

（7）研究形态－中值的二次信噪分离方法，对形态滤波获取的重构信号运用中值滤波去除残留的尖脉冲干扰，通过仿真实验系统分析该方法的去噪性能。

（8）研究形态－信号子空间增强的二次信噪分离方法，分析该方法对典型强干扰的去噪性能，运用端点检测对信号子空间增强提取的强干扰轮廓进行起止点辨识，讨论该方法在保留低频缓变化信息方面的有效性。

（9）对矿集区包含复杂噪声干扰类型的强干扰测点进行二次信噪分离处理，根据卡尼亚电阻率－相位测深曲线的改善情况，系统评价基于形态滤波的二次信噪分离方法在大地电磁强干扰分离中的去噪效果。

通过以上九个方面的研究，将数学形态学为主线引入到矿集区大地电磁强干扰分离中。分析矿集区大地电磁噪声干扰的特征，讨论传统形态滤波、广义形态滤波和多尺度形态滤波在大地电磁强干扰分离中的去噪效果，并将数学形态谱和非线性动力学行为中的递归图法引入到大地电磁信噪辨识；同时，在形态滤波的基础上，研究 Top-hat 变换、中值滤波和信号子空间增强的二次信噪分离方法，本书尝试探寻一条适合矿集区海量大地电磁信号与强干扰分离的新途径，为更好地还原大地电磁信号的原始形态，以及改善矿集区大地电磁测深资料的质量奠定基础。

1.4　本书结构

第1章　绪论。重点论述国内外大地电磁信号处理的研究现状与现阶段所面临的主要问题，分析现有方法的局限性，提出本书的研究内容。

第2章　大地电磁强干扰特征。阐述矿集区典型强干扰类型的特征规律，分析实测大地电磁噪声源的成因，探讨典型噪声干扰对卡尼亚电阻率测深曲线的影响。

第3章　数学形态学基本理论。介绍数学形态学的基本原理、形态算子的定义及几何意义，给出形态滤波器的构建形式。模拟典型的单一噪声干扰，研究结构元素长度及类型的选取方案。

第4章　基于形态滤波的大地电磁信噪分离。剖析 V5－2000 大地电磁测深系统的数据采集格式，研究大地电磁原始数据读取及还原的思路，给出程序流程图及仿真效果图。研究传统形态滤波在典型强干扰中的噪声压制能力，讨论不同类型及尺寸的结构元素的去噪效果。介绍广义形态滤波器的定义，针对传统形态滤波器存在统计偏倚现象，将正、负结构元素级联构建组合广义形态滤波器。在青海柴达木盆地开展相关试验研究，选取试验点进行组合广义形态滤波处理。从时间域波形和卡尼亚电阻率－相位测深曲线的改善情况，分析组合广义形态滤波对包含比较单一的噪声干扰测点的去噪效果。对矿集区强干扰测点运用组合广义形态滤波进行处理，根据时间域波形和卡尼亚电阻率－相位测深曲线的改善情况，综合评价该方法对包含复杂噪声干扰类型的强干扰测点的去噪效果，并运用非线性共轭梯度法对庐枞测线形态滤波前后的数据进行反演，从地质资料解释方面评价算法的性能。

第5章　基于多尺度形态滤波的大地电磁信噪分离。介绍多尺度形态学、数学形态谱和非线性动力学行为中递归图法的基本原理。讨论几乎无电磁干扰、类方波干扰、类充放电三角波干扰和类脉冲干扰大地电磁信号的数学形态谱分布情况。在EMTF理论电道信号构造测试信号进行仿真实验，研究大地电磁时间序列相空间轨迹的运行方式，通过获取全局相关信息检验大地电磁信噪分离效果。构建加权多尺度形态滤波器对大地电磁信号进行全方位扫描，对矿集区大地电磁实测数据和实测点进行信噪分离处理，根据时间域波形、递归图和卡尼亚电阻率曲线的改善情况，综合评价多尺度形态滤波的去噪性能。

第6章　基于形态滤波的二次信噪分离。介绍Top-hat变换、中值滤波和信号子空间增强的基本原理，给出算法流程图。对形态滤波提取的噪声轮廓或重构信号采用Top-hat变换、中值滤波和信号子空间增强进行处理，进一步分离出包含大尺度低频细节成分的有用信号，提出基于形态滤波的二次信噪分离方法，给出典型强干扰类型的去噪效果图。对矿集区强干扰测点采用二次信噪分离进行处理，根据卡尼亚电阻率－相位测深曲线的改善情况，综合评价组合广义形态滤波和二次信噪分离在保留大地电磁低频缓变化信息方面的优势，以及对大地电磁数据质量的改善效果。

第7章　结论与建议。总结全书取得的成果与创新点，指出存在的不足及进一步的研究工作。

第 2 章　大地电磁强干扰特征

2.1　大地电磁场信号与噪声

大地电磁法基于电磁感应原理，是研究地球电性结构的一种地球物理方法。大地电磁场的频率范围大致在 $10^{-4} \sim 10^{4}$ Hz 之间变化，主要是由雷电现象、太阳风与地球磁层及电离层间复杂的相互作用引起的天然电磁场短周期变化形成的。一般情况下，入射到地下的交变电磁波有些被介质吸收得以衰减，有些则重新反射回地面，这些电磁波在一定程度上反映了具有地下介质电性特征的大地电磁场的原始信息；大地电磁测深法正是通过观测大地电磁信号的电场和磁场分量，从而探究地下介质的分布特征规律及层内电性结构。

2.1.1　大地电磁场信号特征

大地电磁场按地磁振动的振幅、频率、形式及分布特征可分为以下三类：雷电干扰、磁暴及磁亚暴、地磁脉动。

(1)雷电干扰

雷电干扰也称为天电，一般认为频率为 1 Hz 以上的大地电磁场主要来源于地球大气圈中与雷电相关的天电扰动，它由振幅较大的一系列高频脉冲组成。因为电离层和地面之间可以形成一种很好的波导，以雷电形式出现的电磁场在电离层的下界面和地面之间来回反射，并传播到很远的地方。尽管雷电干扰具有很宽的频带范围，然而由于波导的特征及趋肤效应，导致电磁场传播距离越远，高频分量的衰减就越厉害；低频分量则由于电磁波在地表与电离层之间相互反射，导致有些频率成分衰减、有些反而增强，形成如图 2 - 1 所示的苏曼谐振。

(2)磁暴与磁亚暴

磁暴是一种全球性的地磁扰动，根据磁暴出现的形式，一般可分为急始型(SC)和缓始型(GC)两种类型。急始型磁暴表现为水平分量、垂直分量和磁偏角等地磁要素突然发生跳跃性变化，并能在全世界各地磁台上同时观测到；缓始型磁暴则表现为各地磁要素缓慢地增加，且初相渐变导致很难精确地测定发生磁暴的时间。

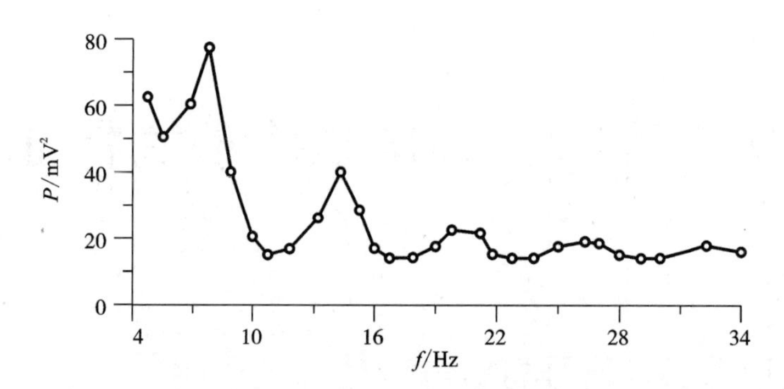

图 2 - 1　苏曼谐振腔模式的谐振峰特征

磁亚暴又称湾扰或磁湾，主要表现形式为周期是几十分钟的单个脉冲。当磁暴或磁亚暴出现时，大量出现的含丰富频率成分及复杂振动的地磁扰动将被野外大地电磁测深工作探测到。

(3)地磁脉动

地磁脉动是大地电磁测深最重要的场源，一般认为是频率低于 1 Hz 的低频率电磁场，类似于周期振动中的特殊短周期振动。根据地磁脉动的记录特征，一般可分为连续规则振动 Pc 型和不规则振动 Pi 型两大类。

连续规则振动 Pc 型的特点：波形大致呈连续的正弦波或类似正弦波形状，其振幅随着空间位置发生变化。这种脉动的强度不大，约为 0.1 nT，周期范围在 0.2 ~ 1000 s之间变化。根据脉动出现的时间、强度、周期及随纬度的分布情况可分为以下六种类型：Pc1 ~ Pc6。Pc1 型振动的周期为 0.2 ~ 5 s，在地磁记录图上表现为成组的密集振动，具有缓慢变换的包络，又称为珍珠状振动，呈椭圆激化，强度为 0.01 ~ 0.1 nT。Pc2 和 Pc3 型振动的周期分别为 5 ~ 10 s 和 10 ~ 45 s，它们具有相同的振动形式。Pc4 型振动的周期为 45 ~ 150 s，振幅可达几个 nT，出现在磁层的平静时期，或与磁暴伴生。Pc5 型振动的周期为 150 ~ 600 s，平均振幅为 50 ~ 70 nT，振幅极大值出现的地区与维度有一定的关系，且随地磁场扰动程度而异。周期大于 600s 的为 Pc6 型振动，只存在高维度地区。

不规则振动 Pi 型的特点：形状如阻尼振荡，具有很宽的频谱变化范围，主要表现为磁层内部扰动的特征。Pi 型振动是磁亚暴的微型结构，并在磁亚暴发展过程中以一定顺序发生，多出现在晚上，时间不超过 1 个小时。Pi 型按周期可分为 Pi1、Pi2 和 Pi3 三种振动形式。

表 2 - 1 所示为地磁脉动分类表。

表 2－1　地磁脉动类型

类型		周期/s
Pc	Pc1	0.2～5
	Pc2	5～10
	Pc3	10～45
	Pc4	45～150
	Pc5	150～600
	Pc6	>600
Pi	Pi1	1～40
	Pi2	40～150
	Pi3	>150

图 2－2 所示为全球电、磁场强度平均振幅谱的特征图。

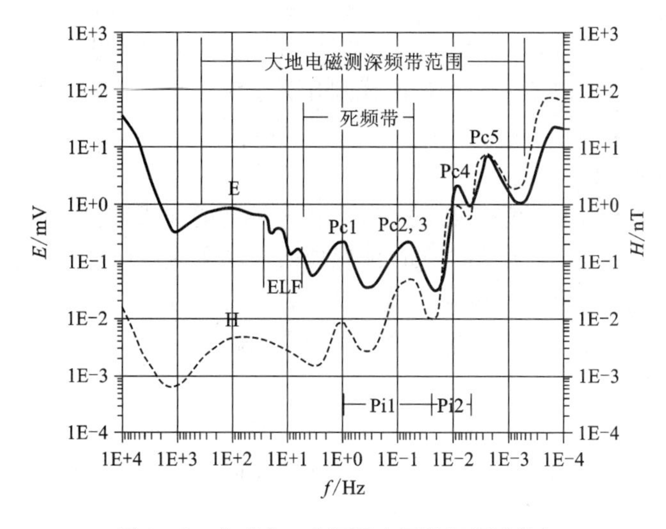

图 2－2　全球电、磁场强度平均振幅谱特征

从图 2－2 可知，电磁场大致可分为三个频段：A 段 0.0001～0.1 Hz；B 段 0.1～7 Hz；C 段 >7 Hz。A 段为低频段，该频段电磁场的强度往往随着频率的降低而按每倍频成 8～10 dB 递增，并出现极值点；B 段为中频段，该频段相对于其他频段而言谱的强度极其微弱，信噪比很低。在频率为 1 Hz 附近出现“死频段”，此时电磁场的强度衰减至最小。但是相对而言，该频段谱的强度较为平稳，这给

大地电磁场的观测和处理带来了便利；C 段为高频段，该频段谱的强度与频率的大小成正比，局部极小值出现在 2 kHz 左右。

综上可知，大地电磁测深法观测到的天然电磁场强度低，不同时间、不同频段上强度的差异性大，根本原因是由于在不同距离上具有多个不同强度及属性的场源在同时作用引起的。当受到噪声干扰时，微弱的大地电磁信号通常被幅值较强的噪声干扰所淹没，导致获取真实的大地电磁信息相当困难。因此，如何有效识别和压制天然电磁场以外的强噪声电磁干扰至关重要。

2.1.2 大地电磁场噪声特征

大地电磁信号本身的强度极其微弱，野外采集的大地电磁数据不可避免地会受到各种电磁噪声的干扰，影响阻抗估算结果的可靠性和鲁棒性[107, 108]。根据不同的起源及对天然电磁场观测的影响程度，大地电磁场的噪声类型大体可分为以下四大类：场源噪声、地质噪声、人文噪声和随机噪声。

(1)场源噪声

场源噪声来源于地球外部的天然电磁场，主要表现为雷电活动所产生的高频电磁干扰。这类噪声的强度非常大，严重影响了大地电磁场的正常观测，导致得到的视电阻率－相位曲线呈现明显的特征：视电阻率曲线在对数坐标上通常呈45°或高于45°上升或下降，而相位曲线则几乎呈0°或趋于0°左右，这类干扰造成估算的阻抗值不真实。

(2)地质噪声

地质噪声来源于近地表电性的不均匀体和地形的起伏变化，通常是由地形所引起的静电场，以及由浅层不均匀体的感应效应和电流效应造成的，也称为静态效应与地形影响。由于这类噪声干扰具有直流特性，通常会引起视电阻率曲线往上或往下平移一个数值，而相位曲线并不会受到影响。

(3)人文噪声

人文噪声主要来自于人类活动所产生的干扰及人工电磁场所产生的噪声。随着国民经济的高速发展，有线广播、电力电气传输设备、电信通讯中的电磁辐射以及汽车、火车在运行过程中产生的噪声干扰日趋严重，其特点是噪声能量大，频率集中在有限频带内，通常在几十赫兹至 10 kHz 范围内。视电阻率－相位曲线的形态通常呈发散状态，可解释性严重降低。比如在工业城镇及矿区附近，雷达站、电话网、有线广播、无线电台等是造成无线电干扰的主要因素，实测大地电磁数据通常表现为磁场信号受到严重污染，记录的电道数据和磁道数据没有相关性。另外，当测量地区有高电压输电网时，所测数据包含严重的工频干扰，信噪比极低。此外，在测量过程中，风的干扰会引起信号传输线和电磁探头的摇晃，树木晃动和水流动也同样会引起地表微震，这些干扰都将导致所测得的大地电磁信号发生基线漂移现象。

(4)随机噪声

随机噪声来源于环境中的随机干扰及观测系统本身所固有的噪声，通常导致各道噪声之间不相关、信号与噪声之间也互不相关。根据统计学规律，这种随机噪声干扰可以通过在时间序列上进行多次叠加逐渐削弱，同时在求解互功率谱时也可以有效消除这种不相关噪声。

2.2　矿集区实测大地电磁噪声类型及特点

本书所研究的大地电磁信号主要来自庐枞矿集区中实测的强干扰测点数据。庐枞盆地位于长江中下游断陷带内，地处扬子地块的北东缘、西邻郯庐断裂带，是长江中下游成矿带一个重要的矿集区；该矿集区位于安徽省境内，包括三县两市、共涉及约40个乡镇[109]。区内经济发达、人口稠密、矿山密布、交通便利，另有较多的矿山正在开采，人文干扰日趋严重[110]。诸多复杂的噪声干扰源给大地电磁数据的分析及处理带来了很多困难，严重污染了实际大地电磁有用信号，极大地影响了大地电磁数据采集的质量和地质解释效果。

按照深部探测技术与实验研究专项(SinoProbe－03)的要求，在区内部署了5条综合地球物理测线，如图 2－3 所示。测线总长约 325 km，设计 MT 测点655 个，频率范围 320 Hz～2000 s。由于高山地形、水域、城镇、矿山及电力干扰等影响，实际完成 MT 测点 523 个。数据采集共投入 6 套加拿大凤凰公司的V5－2000宽频带大地电磁系统，配备 MTC－50 磁传感器。数据采集由于高频采样率较高，如果全时间段采集，数据量将会很大。因此，高频采集采取抽样采集的办法，采集的起止时间段与低频起止时间段相同，采用 1－8－5 模式，即每5 min采集 1 次高频或中频(高频和中频交替采集)，其中有 1 s 的高频数据(采样率为2560 Hz)，连续 8 s 的中频数据(采样率为 320 Hz)，低频数据则为全时段采集(采样率为 24 Hz)。滤波频率设为 50 Hz，通过测量 AC 和 DC 电位差来观察饱和数据的比例，设置合理的增益。通过试验，每个 MT 测点数据采集时间均不低于 20 小时[111]。

由于矿集区环境复杂，通常多种干扰源同时作用，导致观测的大地电磁时间域信号中存在多种噪声干扰类型。研究大量强干扰测点的时间域波形可知，经常反复出现的类脉冲、类充放电三角波及类方波等显然不是来自天然大地电磁场，而是由于矿集区各种复杂电磁干扰综合作用的结果。因此，书中将时域信号中出现的明显非天然电磁场的信号定义为噪声。分析庐枞矿集区大量强干扰测点的时间域信号，大体可分为以下几种噪声类型：类方波噪声、工频噪声、类阶跃噪声、类脉冲噪声和类充放电三角波噪声。

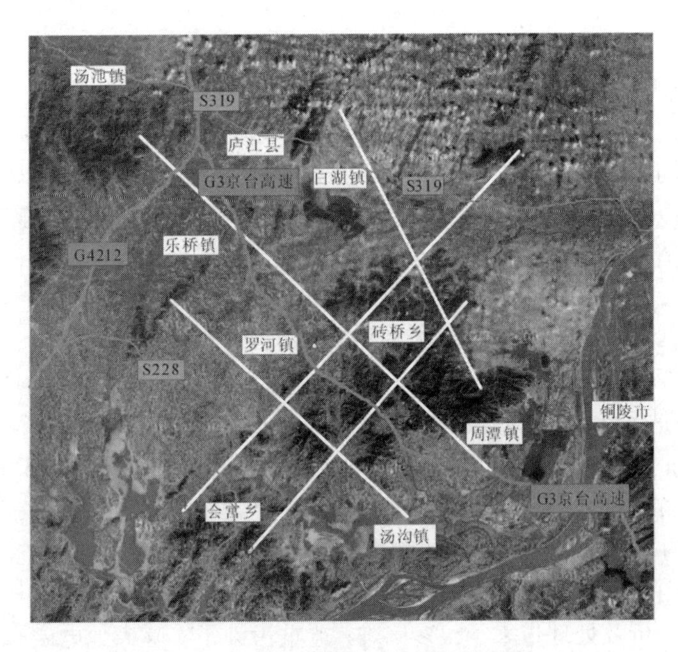

图 2-3　庐枞矿集区 MT 测线布置图

2.2.1　类方波噪声

类方波噪声是矿集区内影响强度最大的噪声之一，一般来源于矿山开采时机动车辆的点火系统、各种用电设备的开关和产生电火花的机器所产生的强烈干扰，时间域波形如图 2-4 所示。

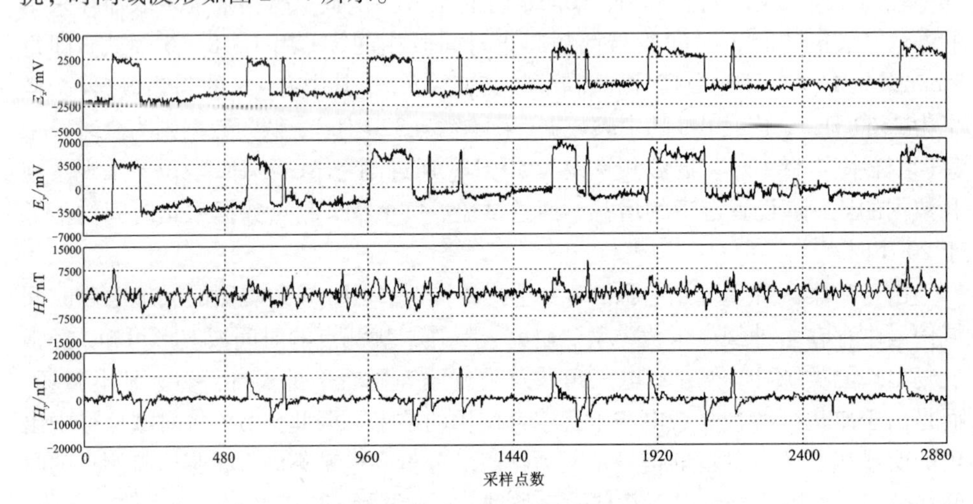

图 2-4　实测大地电磁类方波噪声

该类噪声通常出现在低频采样率的电道数据中，且电道 E_x、E_y 波形具有很好的相关性；其幅值高于正常大地电磁有用信号的几十倍，严重时造成电道曲线整体漂移，阻抗估算偏高；其宽度毫无规律性，常对大地电磁 10 Hz 以下的中、低频数据造成极大影响。该类噪声通常导致信噪比降低，阻抗估算得到的视电阻率曲线出现 45°上升、相位趋于 0°的现象，表现为严重的近源干扰。

2.2.2　工频噪声

工频噪声一般来源于周围环境中的高压电力传输线，时间域波形如图 2 –5 所示。

该类噪声通常出现在电道中，且电道 E_x、E_y 波形的相关性好，磁道中也偶尔出现。工频噪声形态规则、幅值大，在时间序列中可以明显观测到正弦波干扰，通常表现为等振幅、频率为 50 Hz 的工频干扰及其谐波干扰，有用信号很难辨识或几乎被完全淹没。

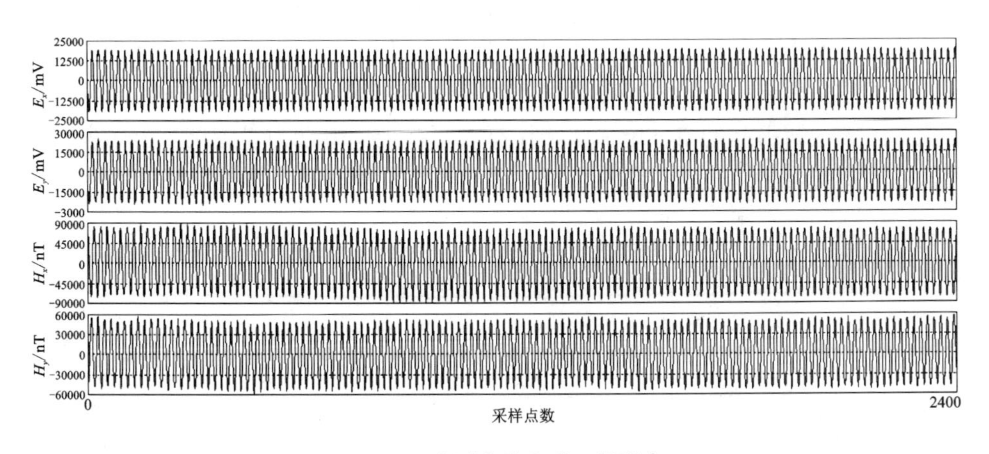

图 2 –5　实测大地电磁工频噪声

2.2.3　类阶跃噪声

类阶跃噪声一般来源于矿区大功率电气设备突然启动、关闭时引起的负荷突变，时间域波形如图 2 –6 所示。

该类噪声通常出现在电道数据中，形态呈近乎阶跃的台阶状，其幅值为正常有用信号的若干倍甚至几个数量级，往往造成数据整体偏移、错位。

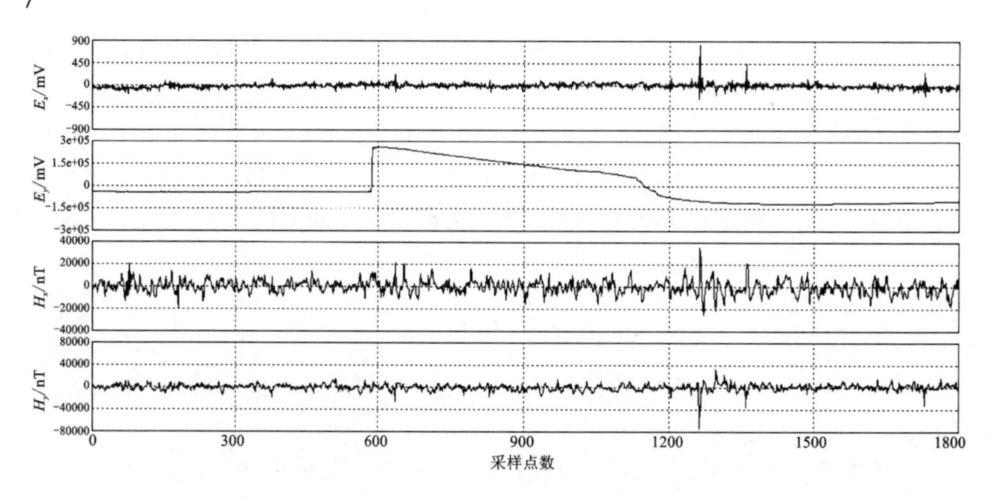

图 2-6 实测大地电磁类阶跃噪声

2.2.4 类脉冲噪声

类脉冲噪声是大地电磁观测中极其常见的干扰类型，一般来源于测点周围介质层中的游散电流，比如电网和农村两线一地或三线一地式线路接地或漏电时，电流导入大地所引起的游散电流噪声干扰。当接地用电动力设备突然开、关或负荷发生突变时也会产生这类噪声干扰，时间域波形如图 2-7 所示。

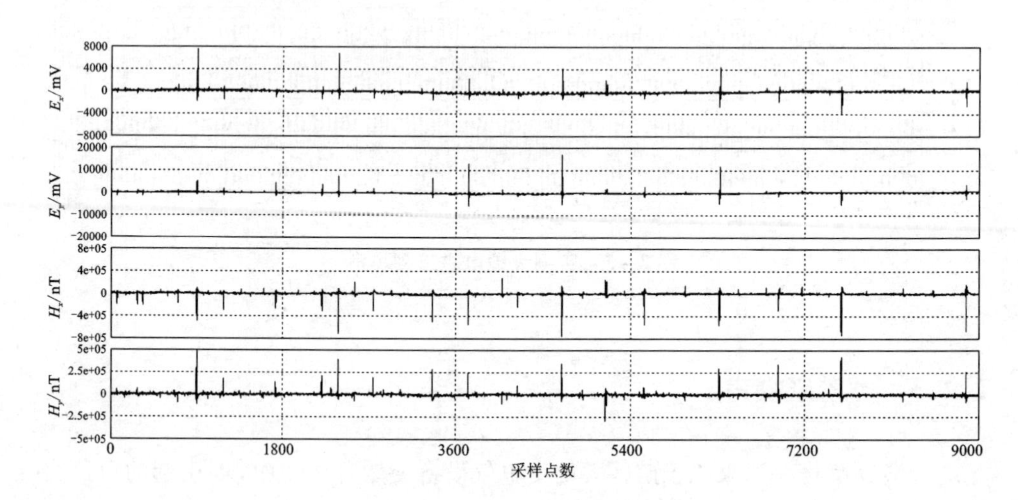

图 2-7 实测大地电磁类脉冲噪声

该类噪声通常出现在各种频率采样率的电道信号和磁道信号中，在时间序列上通常呈正弦阻尼振荡，其幅值是正常有用信号的几个数量级。类脉冲噪声几乎影响观测数据的所有频率，当该类噪声大量出现在原始大地电磁数据中时，将对全频段的阻抗估算造成影响，视电阻率曲线全频段通常会出现不同程度的飞点，曲线波动剧烈、整体连续性差。

2.2.5　类充放电三角波噪声

类充放电三角波噪声是矿集区影响强度最大的噪声之一，一般来源于矿产开采时，井下大功率直流电力牵引机车等设备造成的大范围电磁干扰，时间域波形如图2-8所示。

该类噪声通常出现在中频采样率的电道和磁道数据中，噪声曲线突跳明显，其形态表现为类似充放电三角波形状，且具有较好的相关性，其幅值为正常有用信号的几十倍或几个数量级，严重时可造成数据分段、整体偏移。当该类噪声大量出现在原始大地电磁数据中时，视电阻率曲线通常呈45°上升，相位趋于0°，表现为近源干扰。

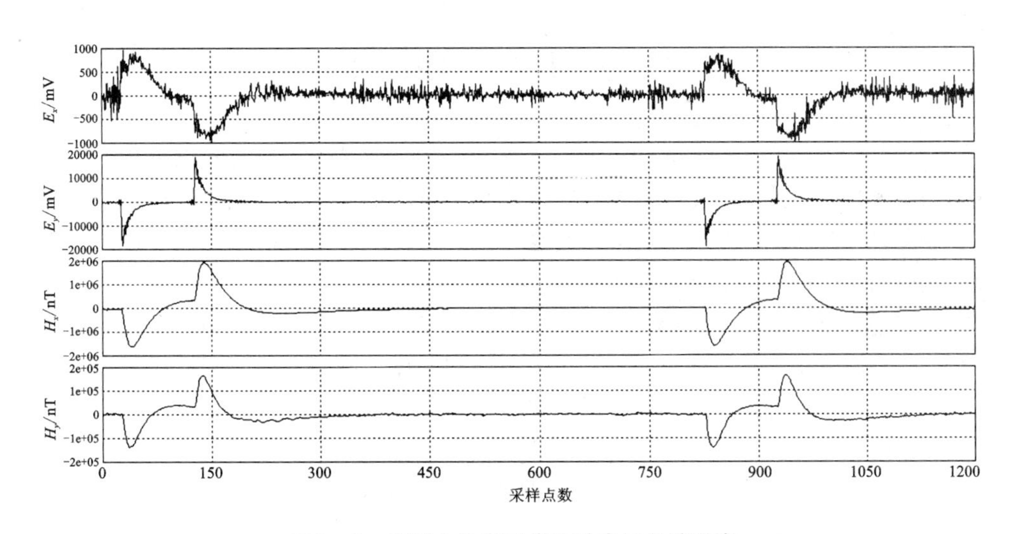

图2-8　实测大地电磁类充放电三角波噪声

2.3　矿集区实测大地电磁噪声源分析

在矿集区进行大地电磁测深工作面临着复杂的测量环境，这些地区矿产资源丰富，民间开采广泛，各采矿点的爆破时间不统一，爆炸造成的震动干扰和低频干扰时常发生[112]。同时，由于存在多座大中型井下开采的矿山，当多台大功率直流电力牵引机车运输井下矿石时，供电电流大、辐射能力强，导致低频噪声在高阻地层中衰减很慢，造成很大范围的电磁干扰。

另外，矿集区现代通讯设备发达，移动基站覆盖全区，电话线、电力线、发射塔纵横相交，有线电视均已普及。这些通信设施广泛分布、交错复杂，造成测区附近存在地下游散电流，给野外大地电磁数据的采集工作带来了很大难度。而且，由于矿集区内交通发达，汽车和火车运行时产生的低频噪声都对大地电磁数据质量产生严重影响。

分析以上大地电磁噪声源可知，众多噪声源产生的能量幅值远高于平面电磁波，时间域波形中存在大量类方波、工频、类充放电三角波、类阶跃和类脉冲等强噪声干扰，导致采集的大地电磁测深数据中既包含有真实的地下电性结构信息，又包含各种噪声干扰和场源变化信息，且这些干扰能量强、频带广，几乎完全淹没正常的大地电磁有用信号，造成大地电磁测深数据信噪比极低且全频段都受到污染。目前，已有的信号处理方法及手段均无法有效剔除这些强噪声干扰，矿集区大地电磁测深工作面临严峻挑战[113~115]。

2.4 强干扰类型对视电阻率曲线的影响

为了验证上述典型强干扰对视电阻率曲线的影响情况，我们选取采集的一类点数据添加典型强干扰进行仿真实验。一类点选取的原则是依据大地电磁测深规范中对大地电磁数据质量的定义、大地电磁实测数据时间序列是否包含强干扰波形及测点的视电阻率曲线是否连续、光滑等标准。

图 2-9 所示为庐枞矿集区一类测试点 B5799 采样率为 24 Hz 时的时间序列，图 2-10 所示为该测点的视电阻率曲线。该测试点是按照上述原则从庐枞 500 个大地电磁数据中挑选出来的受噪声干扰最少、曲线形态较为规则及数据质量为一类点的测点[116]。

分析图 2-9 和图 2-10 可知，该测点时间序列中未出现上文提及的典型异常波形，视电阻率曲线形态较为规则，且曲线光滑、连续。接下来，往该测点的时间域序列中添加实测的典型强干扰，从时间域波形和视电阻率曲线两方面分析强干扰对数据质量的影响情况，仿真实验中添加的干扰波形均来自该矿集区强干扰测点的实测数据。

研究矿集区典型强干扰类型可知，类方波噪声和类充放电三角波噪声为矿集区影响强度最大的噪声。因此，本节仅对上述两种典型强干扰进行研究，分析时间域波形和视电阻率曲线的影响情况，强干扰通过数学形态学在强干扰测点的波形上提取噪声轮廓曲线获得。

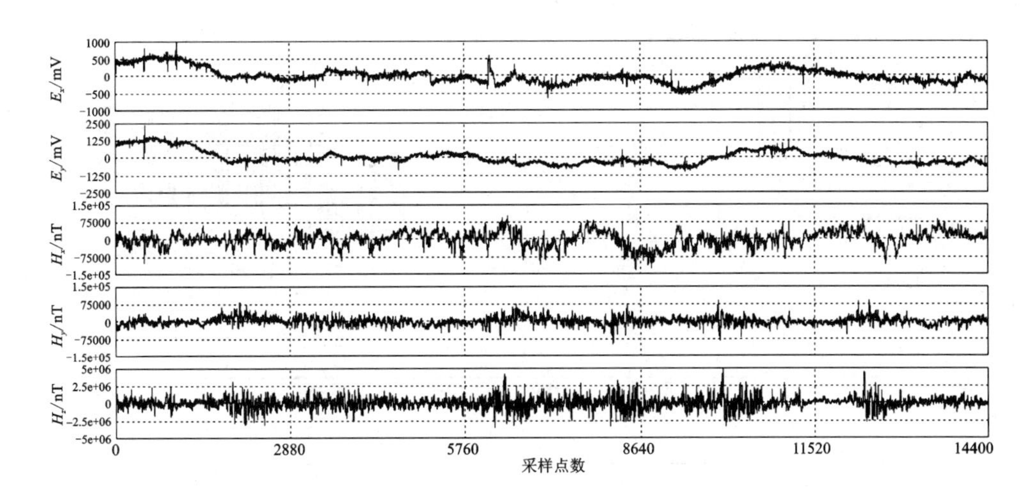

图 2－9　一类点 B5799 时间序列

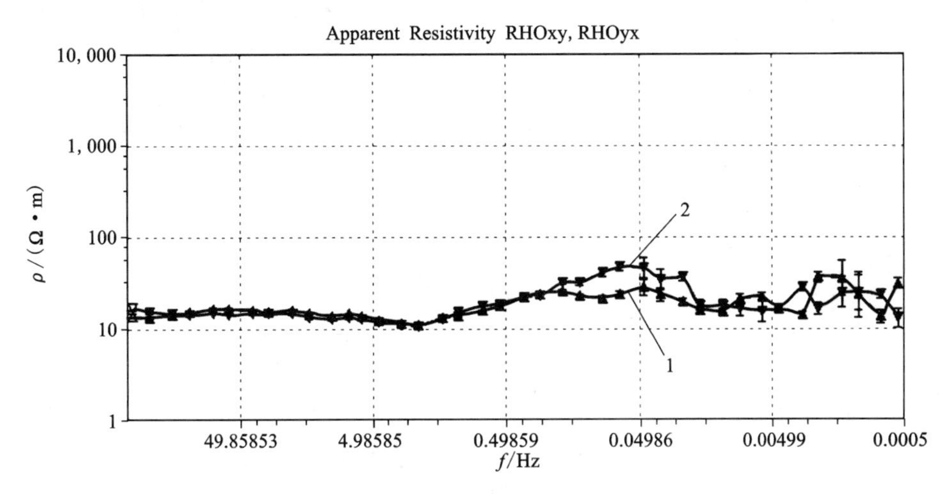

图 2－10　一类点 B5799 原始视电阻率曲线

1—*yx* 方向；2—*xy* 方向

2.4.1　类方波噪声对视电阻率曲线的影响

图 2－11 所示的类方波噪声来自庐枞矿集区强干扰测点 B3974 中采样率为 24 Hz 的电道 E_x 和 E_y 数据，该测点附近有村庄且人文环境复杂，导致采集的电道数据出现严重的类方波噪声。

分析图 2－11 可知，该类噪声的最大宽度为 100 个采样间隔，最大幅值达到 15000 mV。

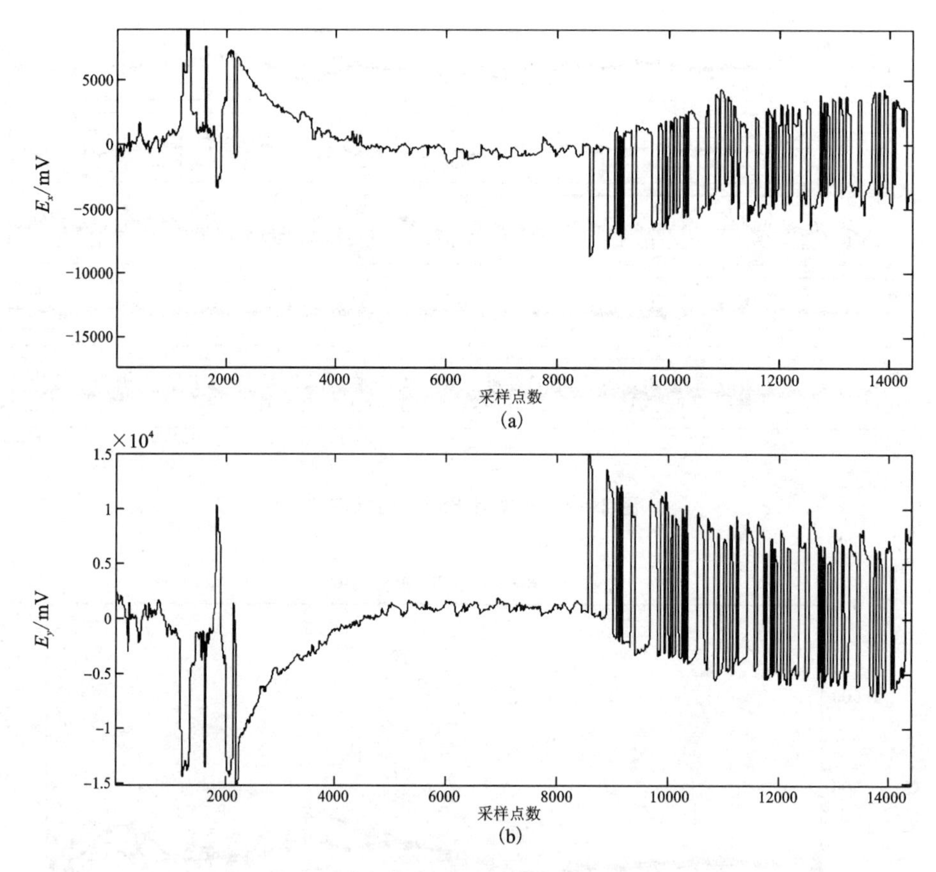

图 2-11　强干扰测点 B3974 中类方波噪声时间序列

(a) E_x 24 Hz; (b) E_y 24 Hz

图 2-12 所示为上述类方波噪声添加到一类点 B5799 中的时间域序列。

对比图 2-9 和图 2-12 可知，B5799 原始数据加入类方波噪声后，在采样率为 24 Hz 的 E_x 和 E_y 的时间序列中出现了较为明显的类方波噪声。该类噪声的能量强度是原始大地电磁信号的 10 倍以上，几乎完全淹没了电道中正常的大地电磁信号。

图 2-13 所示为 B5799 测点添加类方波噪声后的视电阻率曲线。

对比分析图 2-10 和图 2-13 可知，在添加类方波噪声后，视电阻率曲线出现了严重的畸变。视电阻率曲线从 10 Hz 开始呈 45°上升，在 0.1 Hz 附近达到 10000 Ω·m，上升了近 3 个数量级，在 0.003 Hz 左右视电阻率值严重下降至 10 Ω·m，这些表现均类似于实际工作中常见的近源效应。

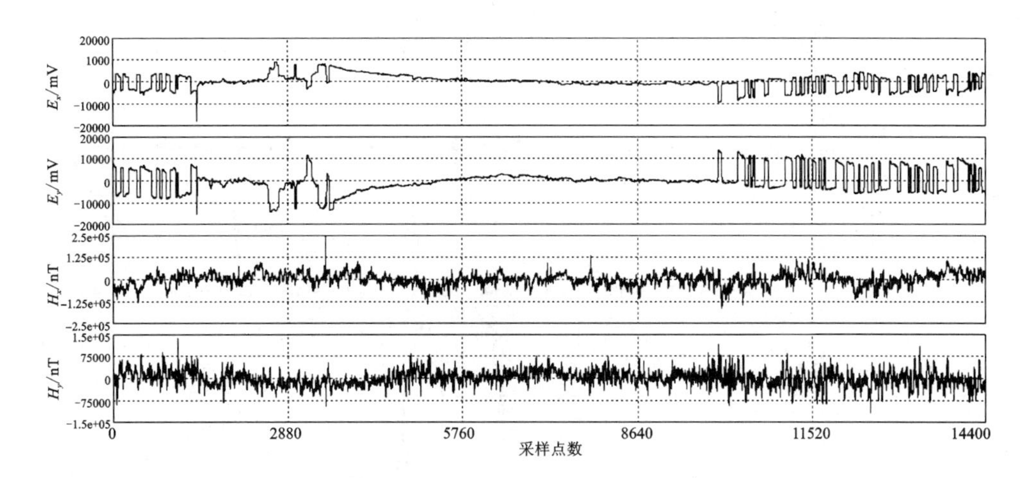

图 2－12　一类点 B5799 添加类方波噪声后的时间域序列

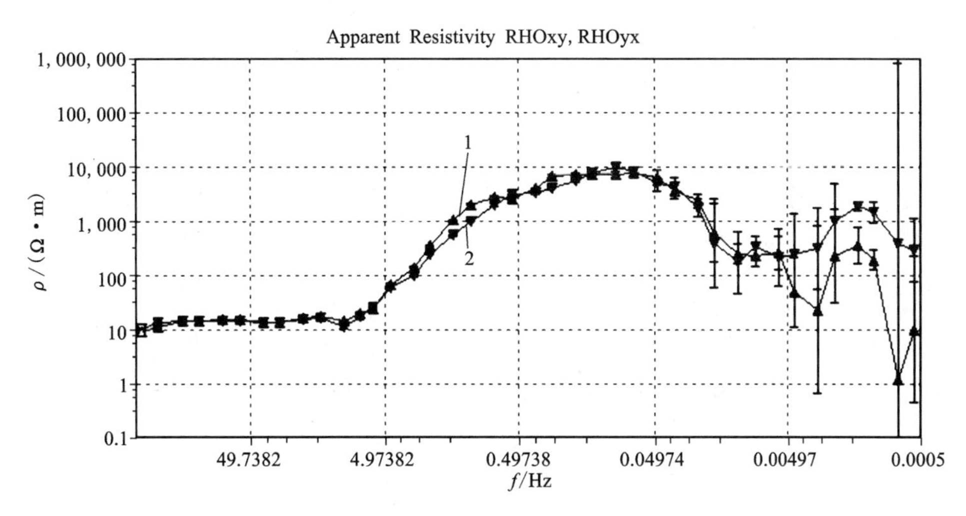

图 2－13　一类点 B5799 添加类方波噪声后的视电阻率曲线

1—*yx* 方向；2—*xy* 方向

2.4.2　类充放电三角波噪声对视电阻率曲线的影响

接下来研究类充放电三角波噪声对视电阻率曲线的影响情况。

图 2－14 所示的类充放电三角波噪声来自庐枞矿集区强干扰测点 D2564 中采样率为 320 Hz 的电道 E_x、E_y 和磁道 H_x、H_y 数据。

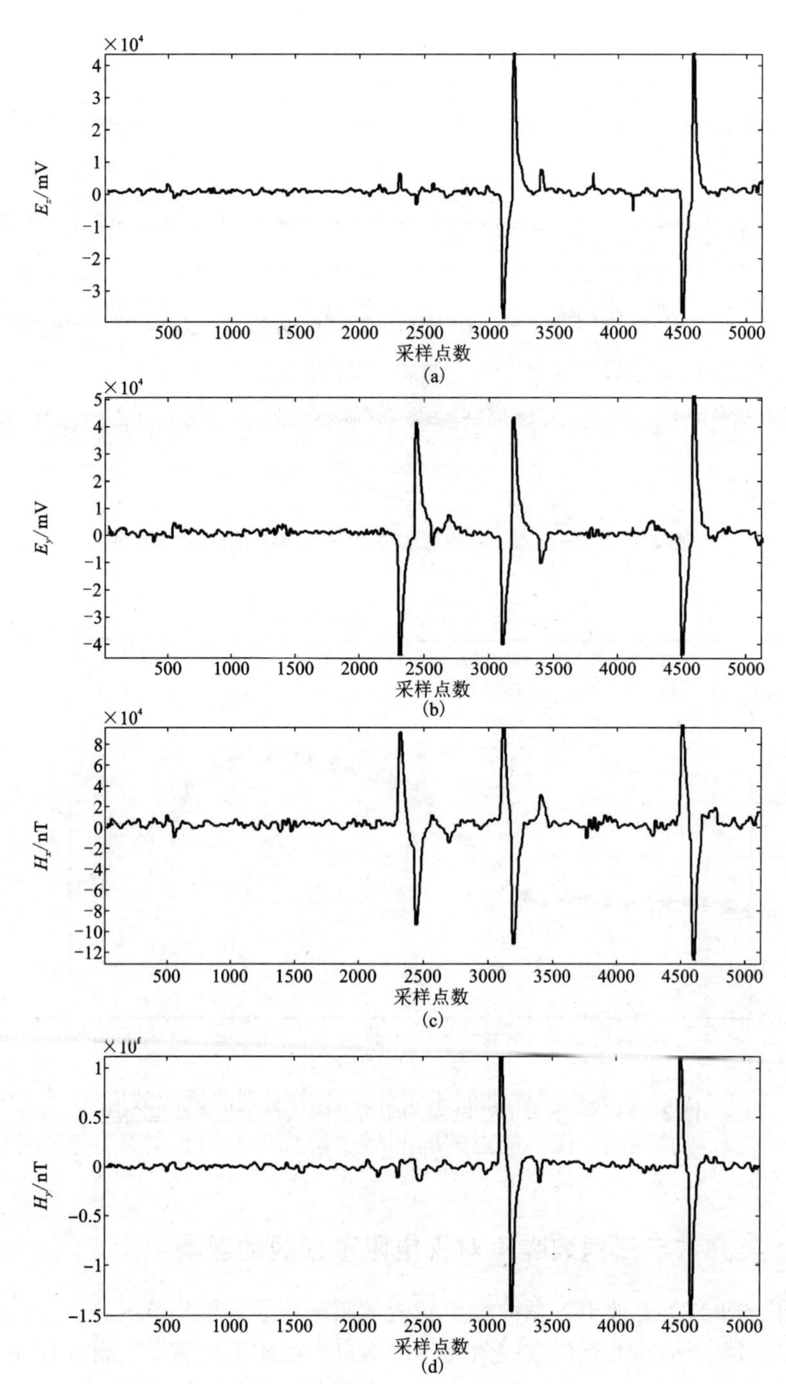

图 2-14　强干扰测点 D2564 中类充放电三角波噪声时间序列

(a) E_x 320 Hz；(b) E_y 320 Hz；(c) H_x 320 Hz；(d) H_y 320 Hz

该测点在200 m范围内有电线及通信线，导致采集的数据包含严重的类充放电三角波噪声。分析图2-14可知，该类充放电三角波噪声的最大宽度为300个采样间隔，最大幅值达到100000 nT。

图2-15所示为上述噪声添加到一类点B5799中的时间域序列。

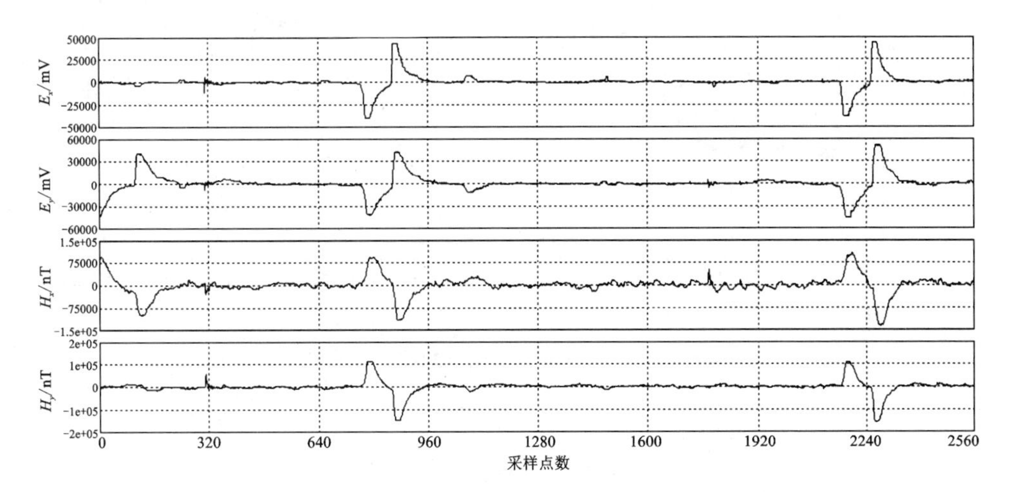

图2-15　一类点B5799添加充放电三角波噪声后的时间序列

对比图2-9和图2-15可知，B5799原始数据中加入类充放电三角波噪声后，在采样率为320 Hz的电道E_x、E_y和磁道H_x、H_y中出现了较为明显的类充放电三角波噪声。

图2-16所示为B5799测点添加类充放电三角波噪声后的视电阻率曲线。

对比分析图2-10和图2-16可知，在添加类充放电三角波噪声后，视电阻率曲线同样出现了严重的畸变。曲线从30 Hz开始呈45°上升，在0.2 Hz附近达到100000 Ω·m，上升了近4个数量级，在0.005 Hz左右视电阻率值严重下降至600 Ω·m左右，这些表现同样类似于实际工作中出现的近源效应。

以上仿真实验表明，在一类点的时间域中添加典型的实测类方波噪声和类充放电三角波噪声都将造成大地电磁数据质量严重下降、信噪比降低，从而导致视电阻率曲线呈45°上升，表现为近源效应。产生这种现象的根本原因是由于时间域序列中存在大量异常的大尺度类方波噪声或类充放电三角波噪声，导致本身就很微弱的大地电磁信号完全被淹没，得到的结果并不能真实反映该测点本身的地电特性。因此，在矿集区采集到这类含强噪声干扰的大地电磁数据则几乎完全失去了可利用的价值，数据质量严重下降。为了提高及改善矿集区大地电磁测深数据质量，必须提出有针对性的方法来压制这些在时间域中经常出现的强噪声干扰。接下来，本书将从信号的时域波形出发，在时间域研究能有效压制典型强干

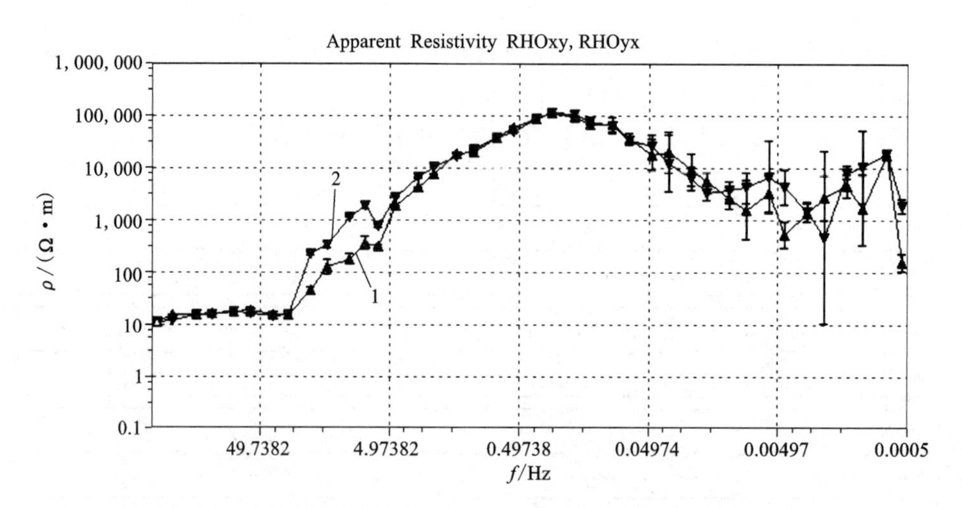

图 2-16　一类点 B5799 添加类充放电三角波噪声后的视电阻率曲线

1—*yx* 方向；2—*xy* 方向

扰的方法，这也是书中引入数学形态学进行滤波的初衷。

2.5　本章小结

本章对大地电磁场信号及噪声进行了阐述，研究了矿集区典型强干扰类型的来源和特征规律，分析了矿集区中实测大地电磁干扰源的来源。通过对一类测试点添加实测类方波噪声和类充放电三角波噪声，从时间域波形和卡尼亚电阻率测深曲线两方面讨论了大地电磁数据质量受影响的情况。本章主要研究成果如下：

(1)详细介绍了常见的类方波噪声、工频噪声、类阶跃噪声、类脉冲噪声和类充放电三角波噪声的特征规律，分析了视电阻率曲线形态受影响的程度。这些噪声干扰类型能量强、影响的频率范围宽，对大地电磁测深数据造成了严重污染。当原始大地电磁信号中存在大量类方波噪声和类充放电三角波噪声时，大地电磁信号的信噪比明显降低，估算的阻抗表现为典型的近源干扰特性。

(2)选取庐枞矿集区一类测点分别添加实测类方波噪声和类充放电三角波噪声的仿真实验表明：添加强干扰后，原始一类点的数据质量严重下降、信噪比降低，视电阻率曲线在中频段整体呈45°上升趋势，超低频段则迅速下降，结果已不能客观真实地反映测点本身的地电特性，而时间域序列中大量存在的异常大尺度波形是产生这种现象的根本原因。

(3)矿集区复杂的人文环境和众多的噪声源都将给大地电磁测深数据的可靠性带来严峻挑战，提出有针对性的噪声压制方法迫在眉睫。

第 3 章　数学形态学基本理论

数学形态学(mathematical morphology, MM)是一门建立在严谨数学推理基础上的科学。1964 年，法国数学家 Matheron G 和他的博士生 Serra J 在不同的研究领域获得了几乎相同的结论，他们共同创立了一种新的信号分析方法，其研究成果直接导致了数学形态学雏形的形成[117]。1973 年，Matheron 完成了著作 *Ensembles Aleatoireset Geometrie Integrate*，该书详细地论证了随机论和积分几何，同时面向集合的方法也被拓宽到数值函数分析领域，产生了 Top-hat(顶帽)变换、形态学梯度算子、流域变换等理论。1975 年，Matheron 对拓扑学、随机论、凸性分析和递增映射等内容进行了分析和论证，并正式提出了形态学滤波器的概念。1982 年，Serra 撰写完成了专著 *Image Analysis and Image Processing*，书中介绍了数学形态学的最新研究成果，标志着数学形态学理论已趋于完善[118]。近 30 年来，数学形态学取得了许多令人瞩目的成就，现已成功地应用于图像处理、图形分析、模式识别、计算机视觉、电能扰动、机械振动及地震检测等工程实践领域，并引起广泛重视[119~127]。

数学形态学的基本思想是利用集合描述目标信号，集合各部分之间的联系用来说明目标信号的结构特征，也就是通过设计一个“探针”即结构元素，其类型及尺寸往往由设计者根据分析的目的来设计。“探针”通过在待处理信号中不停移动来分析各部分之间的联系，从而提取出有价值的信息进行结构描述[128]。数学形态学利用结构元素对信号进行“探测”的思想，对信号分析技术的发展产生了深远的影响。该方法仅取决于待处理信号的局部特征，利用结构元素对信号的几何特征进行局部匹配或修正，同时保留目标信号主要的形状，以达到抑制噪声、提取有用信息和保持细节成分的目的[129]。

近年来，随着形态学理论的飞速发展，形态学滤波被逐步推广到一维信号处理领域，比如机械振动、地震检测、电压闪变等。张文斌和杨辰龙运用数学形态滤波将旋转机械振动信号采集时引入的噪声干扰和基线漂移进行降噪处理，并对去噪后的信号进行了分析和评价[130]。赵静和何正友利用广义形态滤波器作为前置滤波单元对信号进行预处理，再利用差分熵度量信号的复杂程度，获取扰动信号的特征量实现扰动的定位[131]。陈辉和郭科将数学形态学应用到地震信号中，根据地震信号本身的特征设计合理的形态滤波器，对合成地震资料进行分析及处理[132]。沈路和周晓军设计广义形态滤波器对旋转机械振动信号进行降噪分析，具有较好的实用价值[133]。舒泓和王毅将数学形态滤波与 Hilbert 变换相结合，准确地测出了电压闪变的包络，实现了对电压闪变参数的快速准确测量[134]。另外，还有一些学者对形态金字塔、形态小波等方法进行了研究[135~137]。

3.1 形态学基本运算

形态学的基本运算主要包括腐蚀(dilation)、膨胀(erosion)、开运算(opening)和闭运算(closing)，下面分别介绍这四种基本运算的概念。

3.1.1 腐蚀运算

以一维离散信号为例，腐蚀运算的数学描述如下：

设输入信号 $f(n)$ 为定义在 $F=\{0, 1, \cdots, N-1\}$ 上的离散函数，结构元素 $g(n)$ 为定义在 $G=\{0, 1, \cdots, M-1\}$ 上的离散函数，且 $N \gg M$，则 $f(n)$ 关于 $g(n)$ 的腐蚀运算定义为[138]：

$$(f \Theta g)(n) = \min_{m=0,1,\cdots,M-1} \{f(n+m) - g(m)\} \quad n = 0, 1, \cdots, N+M-2 \tag{3-1}$$

式中，符号 Θ 表示腐蚀运算。在形态变换中，结构元素 $g(n)$ 相当于信号处理中的滤波窗口。

腐蚀运算表示一种收缩变换，使目标肢体收缩、孔洞扩张，主要用来剔除边界不平滑的凸起部分。算法减少了峰值、加宽了谷域。

图 3-1 所示为原始信号腐蚀运算效果。其中，原始信号假设为计算机模拟的四种不同幅值同一频率的正弦信号。从图 3-1 可知，腐蚀运算消除了信号的负脉冲，削尖了正脉冲。

3.1.2 膨胀运算

$f(n)$ 关于 $g(n)$ 的膨胀运算定义为：

$$(f \oplus g)(n) = \max_{m=0,1,\cdots,M-1} \{f(n-m) + g(m)\} \quad n = 0, 1, \cdots, N-M \tag{3-2}$$

式中，符号 $\oplus$ 表示膨胀运算。

膨胀运算表示一个扩张过程，使目标肢体扩张、孔洞收缩，主要用来填平边界不平滑的凹陷部分。算法增大了谷值、扩展了峰顶。

图 3-2 所示为原始信号膨胀运算效果。从图 3-2 可知，膨胀运算消除了信号正脉冲，削尖了负脉冲。

腐蚀和膨胀运算是数学形态学中最基本的运算，建立在最简单的“和”与

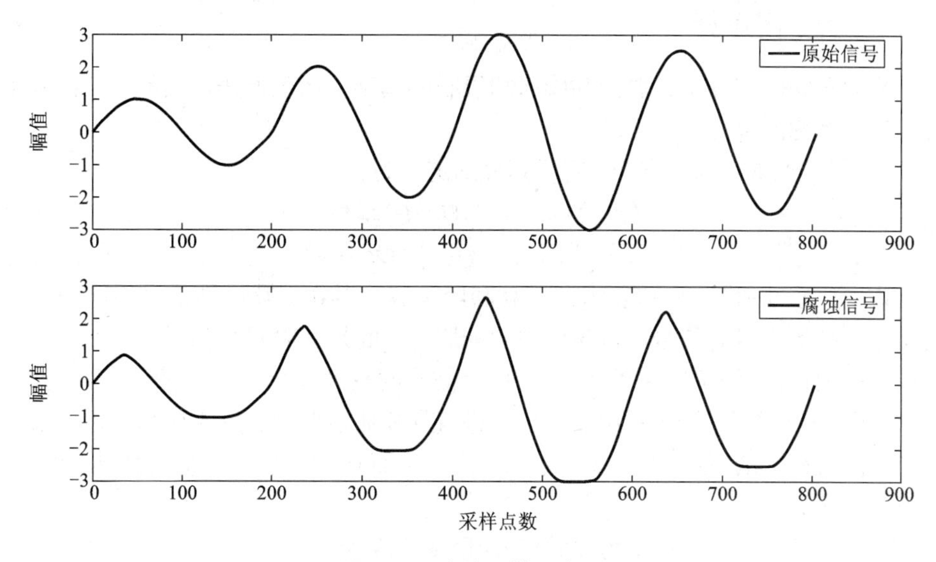

图3－1　腐蚀运算示意图

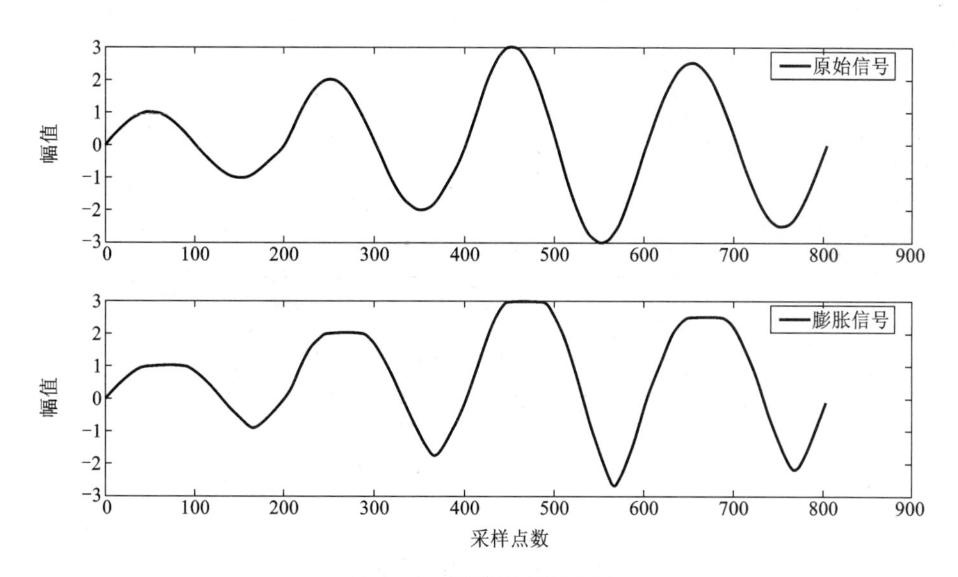

图3－2　膨胀运算示意图

“差”的基础上。由于腐蚀和膨胀运算不互为逆运算，因此两者可级联并构造新的形态变换形式。腐蚀和膨胀运算相当于在滑动滤波窗即结构元素内离散函数进行最小值和最大值的滤波，结构元素的类型和尺寸直接影响形态变换的效果[139]。

3.1.3 开、闭运算

开运算和闭运算是在腐蚀和膨胀相级联的基础上衍生而来的运算，是最基本的数学形态滤波单元。

$f(n)$关于$g(n)$的形态开、闭运算分别定义为：

$$(f\circ g)(n)=[(f\Theta g)\oplus g](n) \tag{3-3}$$

$$(f\cdot g)(n)=[(f\oplus g)\Theta g](n) \tag{3-4}$$

式中，符号$\circ$和$\cdot$分别表示开运算和闭运算。其中，开运算是采用同一类型及尺寸的结构元素对信号进行先腐蚀后膨胀，目的是消除目标信号中的细节、孤立点及叠加在信号上窄的“毛刺”，使目标信号的轮廓光滑，从而剔除尖峰、抑制正脉冲(峰值)噪声；闭运算则是对信号进行先膨胀后腐蚀，目的是填平目标信号中的小洞及很窄的“裂缝”，滤除低谷噪声，从而补偿谷底、抑制负脉冲(低谷)噪声。

图3-3和图3-4所示为原始信号开、闭运算效果。

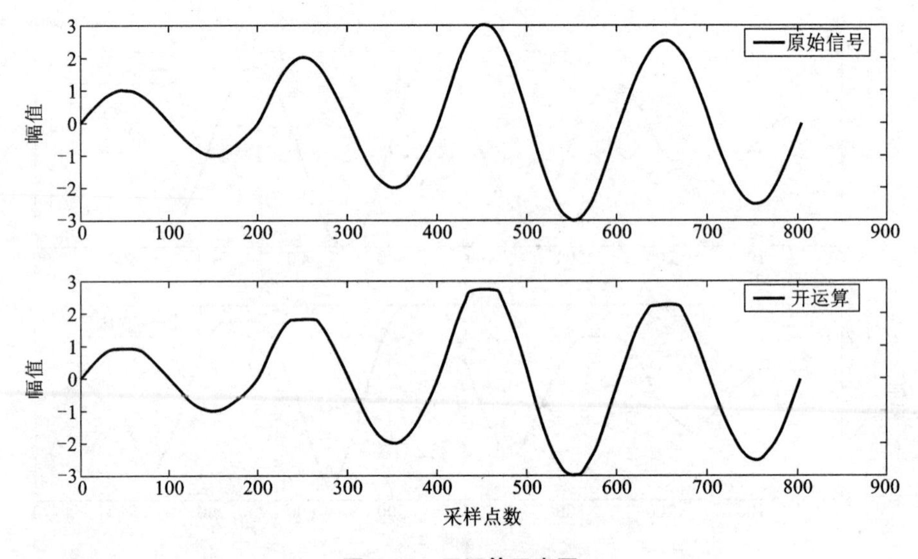

图3-3　开运算示意图

从图3-3可知，开运算消除了信号的正脉冲并同时保留了负脉冲。从图3-4可知，闭运算消除了信号的负脉冲并同时保留了正脉冲。分析形态开、闭运算的物理含义和几何意义可知，两者本身是一种在几何结构基础上的最基本的滤波单元，均具有良好的降噪性能。

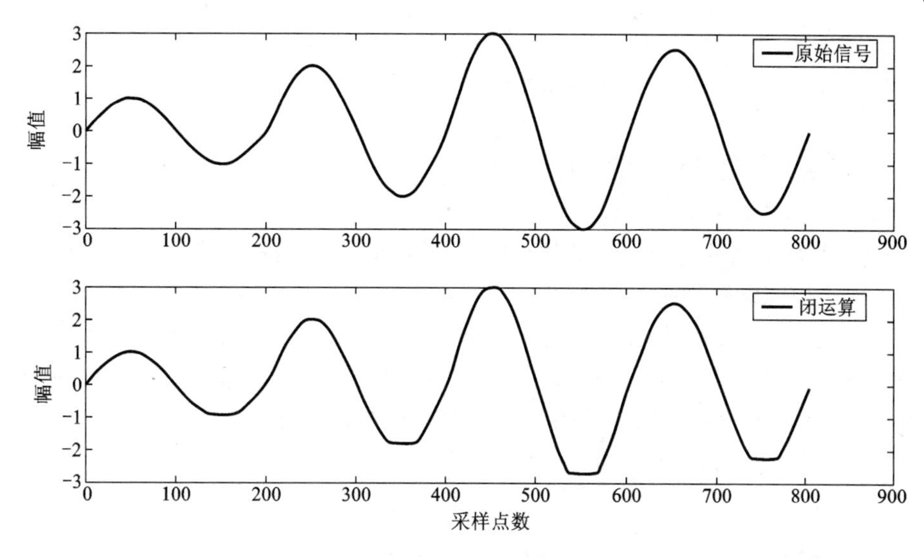

图3-4　闭运算示意图

3.2　形态滤波器的构建

Maragos采用同一类型及尺寸大小的结构元素，将形态开、闭运算以不同的顺序进行级联组合，构建了经典的形态开-闭(Open-closing)和闭-开(Close-opening)滤波器，用来剔除目标信号中的正、负脉冲干扰[140, 141]：

$$OC(f(n)) = f \circ g \cdot g \tag{3-5}$$

$$CO(f(n)) = f \cdot g \circ g \tag{3-6}$$

式中，OC表示形态开-闭滤波器，CO表示形态闭-开滤波器。

由以上定义可知，形态开-闭(OC)和形态闭-开(CO)滤波器都能同时滤除目标信号中的正、负脉冲噪声，满足数学形态学中形态开、闭运算的所有性质。但是，由于形态开运算本身具有的收缩性导致形态开-闭滤波器的输出结果偏小，而形态闭运算本身具有的扩张性导致形态闭-开滤波器的输出结果偏大[142]。因此，通过对上述两种典型的滤波器在滤波过程中采用的结构元素进行优化，以及对滤波后的结果进行综合评价，可有效改善滤波效果。为了有效滤除各种噪声干扰，常将形态开、闭运算级联构建形态开-闭和形态闭-开的平均组合形态滤波器作为输出：

$$y(n) = \frac{1}{2}[OC(f(n)) + CO(f(n))] \tag{3-7}$$

式中，$y(n)$表示平均组合形态滤波器的输出结果。

重构信号定义为：

$$\gamma(n)=f(n)-y(n) \tag{3-8}$$

3.3 结构元素的类型

数学形态学是基于信号的形状对信号进行处理，在使用数学形态学进行操作时，每个采样点的处理结果均取决于待处理信号的采样点及其临近点。其中，所涉及的临近点往往由结构元素决定。因此，数学形态滤波的效果完全取决于所选择的结构元素和形态变换。同时，形态变换的组合形式必须满足一些基本的约束条件，而结构元素的选取则需要根据目标信号的具体情况来确定[143]。

采用不同类型的结构元素可将目标信号中不同的形状特征进行提取，另外结构元素的选取要尽可能地接近待处理信号本身的形状特点，常见的结构元素类型有直线型、矩形、圆盘型、抛物线型、三角形以及其他多边形组合。

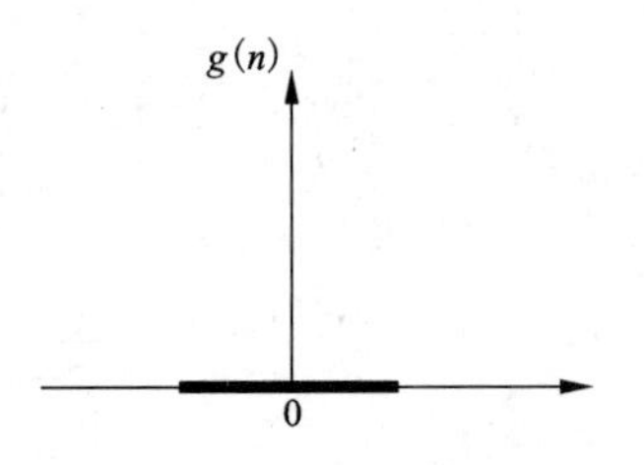

图 3－5　直线型结构元素

直线型结构元素如图 3－5 所示。

矩形结构元素如图 3－6 所示。

圆盘型结构元素如图 3－7 所示。

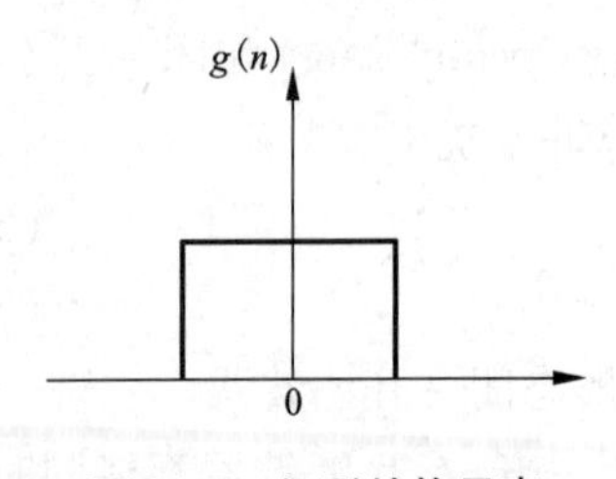

图 3－6　矩形结构元素

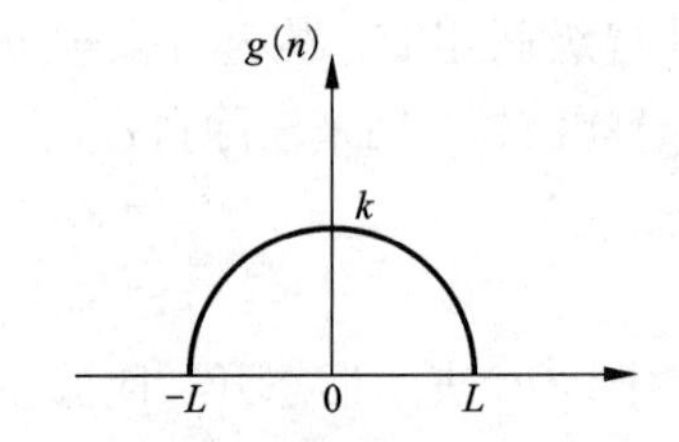

图 3－7　圆盘型结构元素

圆盘型结构元素定义如下：

$$g(n)=k\sqrt{L^2-n^2} \quad -L\leqslant n\leqslant L \quad n,\ L\in\mathbf{Z},\ k\in\mathbf{R} \tag{3-9}$$

抛物线型结构元素如图 3－8 所示。

抛物线型结构元素定义如下：

$$g(n)=k(L^2-n^2) \quad -L\leqslant n\leqslant L \quad n,\ L\in\mathbf{Z},\ k\in\mathbf{R} \tag{3-10}$$

三角形结构元素如图 3－9 所示。

三角形结构元素定义如下：

$$g(n)=k\left(1-\frac{|n|}{L}\right) \quad -L\leqslant n\leqslant L \quad n,\ L\in\mathbf{Z},\ k\in\mathbf{R} \tag{3-11}$$

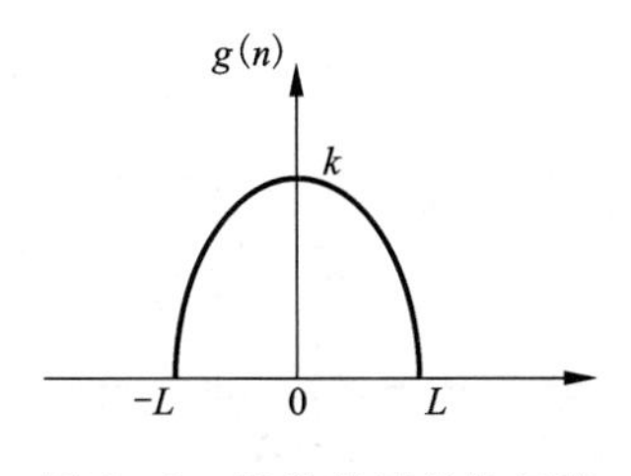

图 3 - 8　抛物线型结构元素

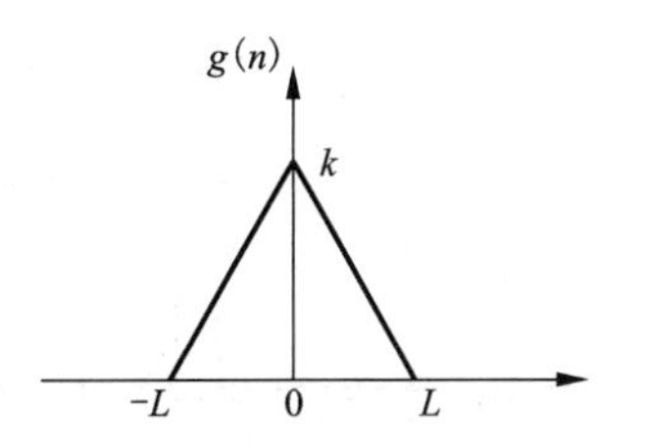

图 3 - 9　三角形结构元素

圆盘型、抛物线型和三角形结构元素只需改变参数 k 和 L 就能改变其幅度和宽度，从而控制结构元素的尺寸。

结构元素的形状设计通常取决于待处理信号的形状特征，一般一种结构元素对一类噪声具有比较好的滤波效果。相对而言，结构元素愈复杂，压制噪声干扰的能力相对愈强，但在滤波处理过程中耗费的时间也就愈长。相关实践结果证明，对于不同的信号，需要选用与信号特征相匹配的结构元素才能获得较好的滤波效果[144 ~ 146]。

3.4　结构元素的选取

假设大地电磁场为平稳随机信号，矿集区强干扰为类周期性信号。通过计算机模拟大地电磁强干扰进行仿真实验，根据形态滤波器的降噪性能，综合评价结构元素长度和类型的选择规律。

3.4.1　长度选取

图 3 - 10 所示为模拟电道中含大尺度类方波噪声干扰的大地电磁信号经不同长度的结构元素的滤波效果。该信号包含宽度为 50、100、150，幅值为 300 的三个矩形干扰。其中，叠加在矩形干扰上的随机信号用来模拟大地电磁有用信号。仿真实验依次通过长度为 40、80、120、180 点的直线型结构元素进行形态滤波处理，用来提取噪声的轮廓特征曲线。

分析图 3 - 10 可知，当选用长度为 40 点的结构元素进行形态滤波处理时，可以很好地提取出三种不同宽度的矩形干扰，噪声的轮廓清晰、平滑。当选用长度为 80 点的结构元素进行形态滤波处理时，无法获取宽度为 50 的矩形干扰，其余两个矩形干扰可以很好地进行提取。当选用长度为 120 点的结构元素进行形态滤波处理时，噪声轮廓中损失了宽度为 50 和 100 的两个矩形干扰，仅保留宽度为 150 的矩形干扰。当选用长度为 180 点的结构元素进行形态滤波处理时，三个矩形干扰均无法获取。

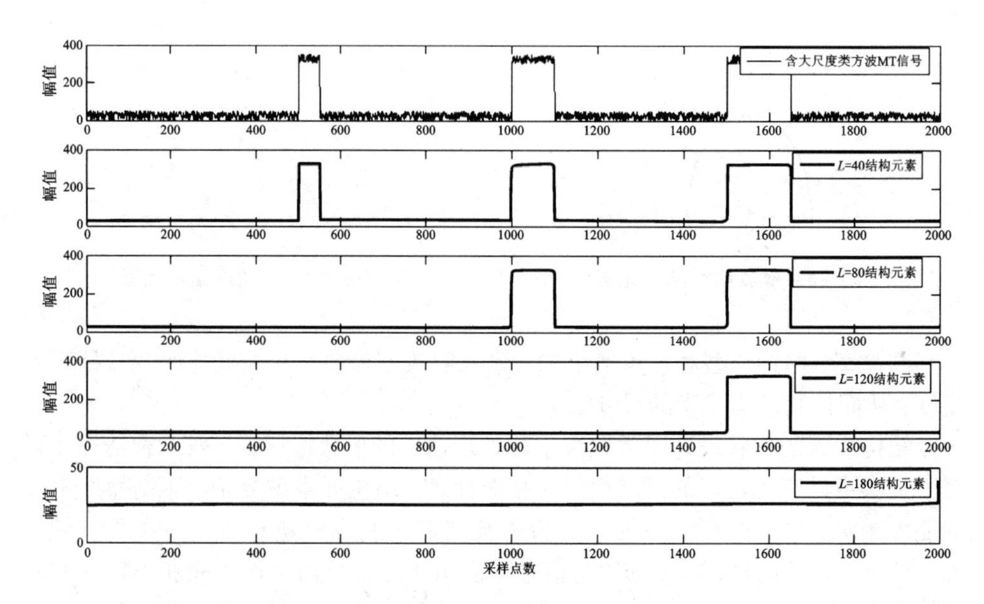

图3-10　不同长度结构元素形态滤波效果图

由此可知，不同宽度的类方波噪声干扰经不同长度的结构元素形态滤波处理后，将小于或等于结构元素的信号进行了滤除，只保留了比结构元素大的信号单元，即比结构元素长的形态特征得到了有效提取。

上述数值模拟的仿真结果表明：结构元素长度的选取至关重要，长度太长将损失大尺度噪声轮廓的提取，严重影响形态滤波的准确性。

3.4.2　类型选取

本节研究当噪声轮廓能完全提取的前提下，即结构元素有效长度范围内时，不同的结构元素类型及尺寸对电道和磁道中典型的强干扰的滤波效果。

图3-11所示为模拟电道中含大尺度类方波噪声干扰的大地电磁信号经不同类型结构元素的形态滤波效果图。其中，结构元素分别选用直线型、矩形、圆盘型和三角形四种类型进行分析。

从图3-11可知，该信号包含宽度为700和400、幅值为200的两个矩形干扰，叠加在矩形干扰上的随机信号用来模拟大地电磁有用信号。其中，计算机模拟的含大尺度类方波干扰的能量幅值远大于正常有用信号的几十倍，有用信号几乎被完全淹没。

为讨论结构元素类型和尺寸对典型大尺度类方波干扰的去噪效果，仿真实验中采用滤波误差 E 和信噪比 SNR 两组特征参数对不同的结构元素及尺寸的去噪

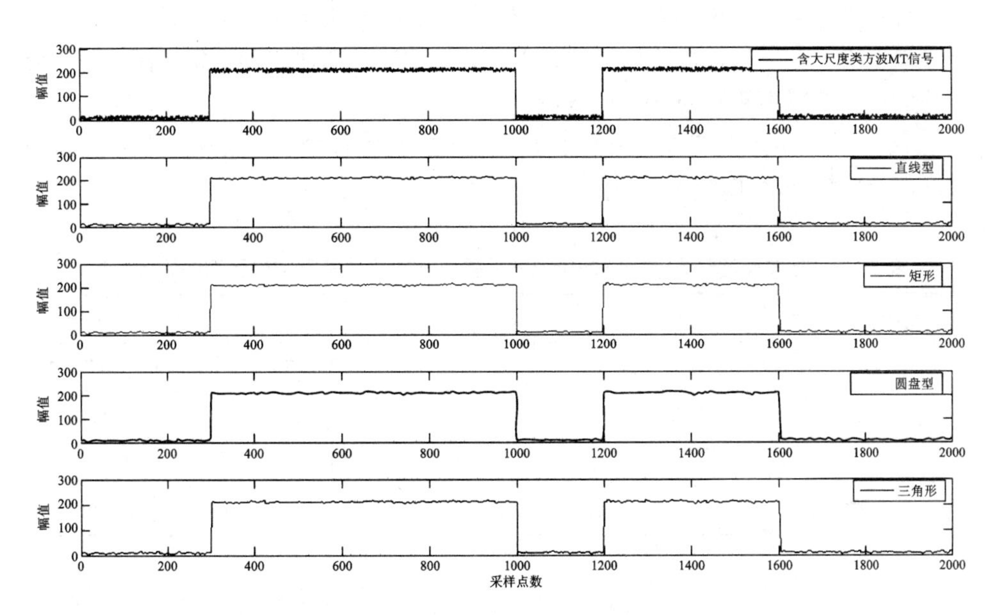

图 3－11　含大尺度类方波干扰的模拟信号经四种结构元素形态滤波效果图

性能进行评价[147]。

误差 E 定义如下：

$$E = \frac{1}{N}\sum_{n=1}^{N} |y(n) - s(n)| \qquad (3-12)$$

信噪比 SNR 定义如下：

$$SNR = 10\lg \frac{s(n)^2}{[y(n) - s(n)]^2} \qquad (3-13)$$

式中，$s(n)$表示原始信号，$y(n)$表示形态滤波输出信号。

表 3－1 所示为上述大地电磁模拟信号采用不同结构元素的滤波性能对比。

表 3－1　含大尺度类方波干扰的模拟信号采用不同结构元素的滤波性能

结构元素类型	幅值	长度	误差 E	信噪比 SNR
直线型	0	5	10.2536	50.7594
矩形	0.2	5	10.2479	50.7741
圆盘型	0.2	5	10.2494	50.7710
三角形	0.2	5	10.2498	50.7703

分析图3－11和表3－1可知，在结构元素的幅值和长度一致的前提下，针对该大尺度类方波干扰选取矩形结构元素的去噪性能较其他三种结构元素要好，形态滤波提取的噪声轮廓边界更加清晰。

表3－2所示为上述大地电磁模拟信号采用相同幅值、不同尺寸的矩形结构元素的滤波性能对比。

表3－2　含大尺度类方波干扰的模拟信号采用不同尺寸矩形结构元素的滤波性能

结构元素	幅值	长度	误差 E	信噪比 SNR
矩形	0.2	5	10.2479	50.7741
矩形	0.2	9	10.1076	51.3056
矩形	0.2	15	10.0554	51.5379
矩形	0.2	29	10.0664	51.4728

分析表3－2可知，当电道中仅出现类似大尺度方波干扰时，在结构元素幅值相同的情况下，选择长度为15点的矩形结构元素的滤波效果较好，得到的误差较低、信噪比较高，但并不是结构元素的长度越长滤波效果就越好，当选取29点长度的结构元素时，相比15点长度的结构元素，其误差增大、信噪比降低。

图3－12所示为模拟磁道中含大尺度类充放电三角波干扰的大地电磁信号经不同结构元素的形态滤波效果图。该信号包含宽度为200的正、负相接的三角波干扰，叠加在三角波干扰上的随机信号用来模拟大地电磁有用信号。其中，含大尺度类充放电三角波干扰的能量幅值远大于正常有用信号。

表3－3所示为上述大地电磁模拟信号采用不同结构元素的滤波性能对比。

表3－3　含大尺度类充放电三角波干扰的模拟信号采用不同结构元素的滤波性能

结构元素类型	幅值	长度	误差 E	信噪比 SNR
直线型	0	5	10.0252	46.0825
矩形	0.2	5	10.0252	46.0930
圆盘型	0.2	5	10.0241	46.0930
三角形	0.2	5	10.0238	46.0931

分析图3－12和表3－3可知，在结构元素幅值和长度一致的前提下，针对该类大尺度充放电三角波干扰选取三角形结构元素的去噪性能较其他三种结构元素要好，其误差较小、信噪比较高，形态滤波提取的噪声轮廓更加清晰、准确。

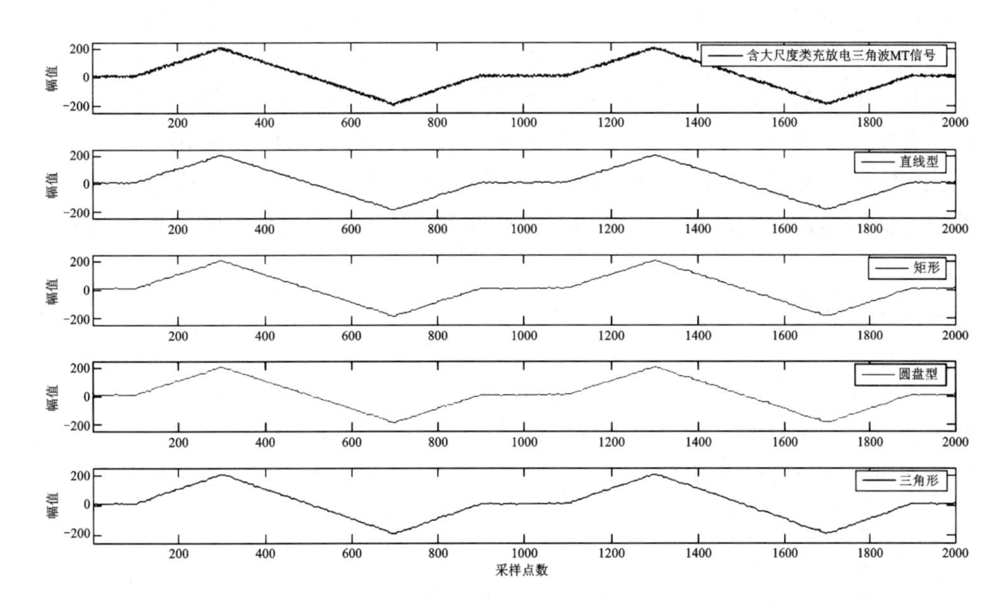

图 3－12　含大尺度类充放电三角波干扰的模拟信号经四种结构元素形态滤波效果图

表 3－4 所示为上述大地电磁模拟信号采用相同幅值、不同尺寸的三角形结构元素的滤波性能对比。

表 3－4　含大尺度类充放电三角波干扰的模拟信号采用不同尺寸三角形结构元素的滤波性能

结构元素	幅值	长度	误差 E	信噪比 SNR
三角形	0. 2	5	10. 0238	46. 0930
三角形	0. 2	9	10. 0087	46. 3598
三角形	0. 2	15	10. 0486	46. 2285
三角形	0. 2	29	10. 1507	45. 6219

结合滤波误差 E 和信噪比 SNR 分析表 3－4 可知，当磁道中仅出现类似大尺度充放电三角波干扰时，在结构元素幅值相同的情况下，选择长度为 9 点的三角形结构元素的滤波效果较好，得到的误差较低，信噪比较高。当选取 15 点和 29 点长度的结构元素时，相比 9 点长度的结构元素，其误差增大，信噪比降低。

综合对比上述统计参数不难发现：在结构元素有效长度范围内时，不同类型的结构元素及尺寸其滤波参数相差并不大。形态滤波的效果与结构元素的长度不成正比，当结构元素的长度增长时，算法处理的速度反而减慢。

由于实测大地电磁强干扰的类型多样、原因复杂，电道和磁道的信号波形中往往包含多种噪声类型，将数学形态滤波技术应用到大地电磁信噪分离时，选取不同长度的结构元素将影响到提取的噪声轮廓形态是否完整，而当结构元素的长度在有效范围内时，不同类型、不同幅值的结构元素其滤波结果相差不大。因此，结构元素的类型和尺寸对大地电磁去噪的整体影响并不关键，若选取与噪声类型相似的结构元素及尺寸进行形态滤波处理，最终将影响到滤波结果的精度。

3.5 本章小结

本章介绍了数学形态学的基本原理，阐述了数学形态学中的腐蚀、膨胀、开和闭四种基本运算的定义及物理含义，讨论了形态滤波器的构建方式，分析了结构元素对形态滤波的重要性。数值模拟了典型的强噪声干扰类型，系统研究了结构元素长度及类型的选取规律。本章主要研究成果如下：

(1)腐蚀是一种收缩变换，目的是滤除负脉冲；膨胀是一种扩张变换，目的是滤除正脉冲。开运算可用来剔除尖峰、抑制正脉冲(峰值)噪声；闭运算可用来滤除低谷噪声、抑制负脉冲(低谷)噪声。

(2)研究了结构元素长度的选取问题，数值仿真结果表明，大地电磁信噪分离时，结构元素长度的选取尤为关键。形态滤波将小于或等于结构元素长度的信号单元进行了滤除，当结构元素的长度选得太长时，将有可能无法获取大尺度强噪声干扰的轮廓特征，导致信噪分离严重失真。

(3)在结构元素有效长度范围内时，利用误差和信噪比两个特征参数讨论了结构元素类型及尺寸的选取规律。数值仿真结果表明，结构元素的类型和尺寸对大地电磁信号去噪的整体影响并不关键，仅影响最终的滤波精度。待处理信号的形状与结构元素的选取之间具有一定的相似性，且并不是结构元素的长度越长去噪效果就越好。

(4)数学形态滤波的质量取决于所选择的形态变换和结构元素，由于数学形态学只涉及加、减等简单运算。因此，该方法运算简单、快速，可并行计算，适合研究及处理矿集区海量的大地电磁数据。

第 4 章　基于形态滤波的大地电磁信噪分离

数学形态学是一种非线性信号分析方法，与傅立叶变换和小波变换相比，算法完全从时域出发，仅针对信号本身的形态特点进行特征分析。数学形态学能有效提取暂态信号中的奇异信号，且只进行加、减和比较运算，计算速度快，这些优势对于矿集区海量大地电磁强干扰的压制具有特别重要的意义。本章将运用这种新型的数字信号处理技术对实测的大地电磁强干扰进行信噪分离研究，验证算法的有效性。

庐枞矿集区因具有复杂的外界因素和人文因素，导致采集的大地电磁测深数据造成严重污染。图 4－1 所示为该矿集区强干扰测点中一段电道和磁道的时间域波形。

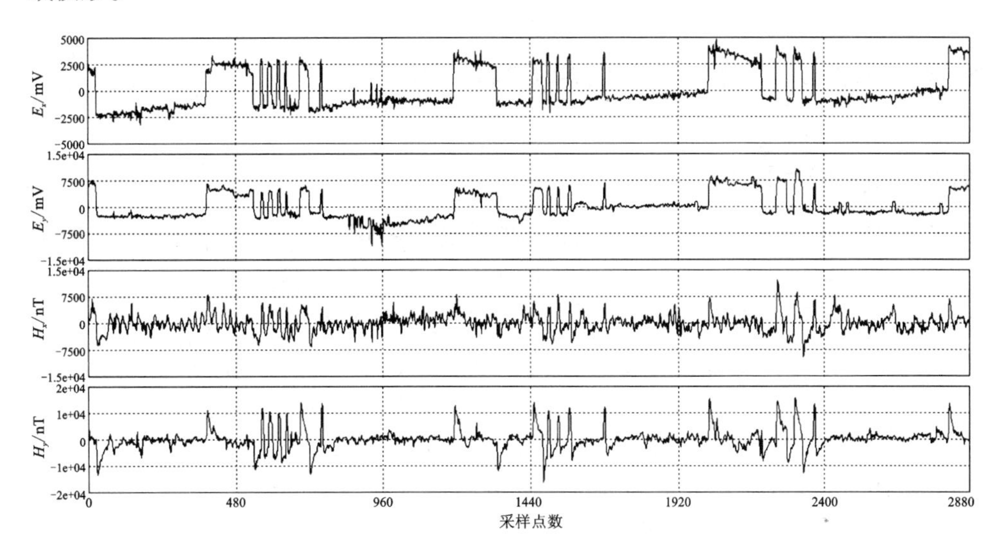

图 4－1　矿集区典型强干扰时间序列

分析图 4－1 可知，电道和磁道采集的数据中均不同程度出现了类似于周期性的突跳、波动等信号，与稳定的天然电磁场信号相比，这些信号具有振幅大、能量强和周期性明显等特征。因此，将时域信号中出现的明显非天然电磁场信号定义为噪声信号。分析大量实测大地电磁测深数据的时间序列可知，电道数据通常被能量强度大的类方波噪声所干扰，造成电道曲线整体漂移严重，低频数据造成严重影响；磁道数据通常被大尺度类充放电三角波噪声所干扰，导致磁道信号的曲线形态突跳明显且噪声的局部能量非常强，正常磁场信号几乎被完全湮灭，且电道与磁道干扰出现的时刻具有一定的相关性。这两类典型的强噪声干扰大量出现在矿集区大地电磁测深数据中，得到的视电阻率曲线往往表现为明显的近源效应。

本章首先对 V5 - 2000 大地电磁测深系统的数据采集格式进行分析，研究大地电磁原始资料的读取及还原工作。接着，对大地电磁实测数据运用传统形态滤波进行研究，分析不同类型结构元素及同一类型、不同尺寸结构元素的去噪效果；介绍广义形态滤波器的定义，构建组合广义形态滤波器对实测大地电磁噪声进行去噪，从时间域波形上探讨组合广义形态滤波对大地电磁强噪声的压制效果。然后，在柴达木盆地开展相关试验研究，对包含比较单一噪声干扰类型的试验点进行组合广义形态滤波处理，通过横向比较时间域波形和视电阻率 - 相位曲线的改善情况，说明方法的去噪性能。最后，针对矿集区中包含复杂噪声干扰类型的实测点进行组合广义形态滤波处理，综合评价该方法对大地电磁测深数据质量的改善效果，并运用非线性共轭梯度法对庐枞测线形态滤波前后的数据进行反演，从地质资料解释方面评价算法的性能。

4.1 实测大地电磁数据读取及还原

4.1.1 大地电磁数据读取

为了验证数学形态滤波对大地电磁强干扰的压制效果，我们以实测大地电磁测深数据为例，采集数据的仪器选用加拿大凤凰公司研发的 V5 - 2000 大地电磁测深系统。该仪器采集数据时，在每个测点记录电道和磁道中 E_x、E_y、H_x、H_y、H_z 五个分量，并将原始数据记录在高频和低频文件中。由于仪器不提供直接读取时间序列的软件，原始资料的处理相当于一个黑匣子，其数据质量的好坏完全只能凭借视电阻率曲线的形态来分辨。因此，首先必须读取该仪器采集的原始时间序列数据，才能进一步分析和处理大地电磁信号及强噪声干扰的类型及分布特征，进而采取相对应的措施进行解决。

以 TSL 和 TSH 格式为例，通过分析时间序列可知，V5 - 2000 在采集大地电磁数据时，将原始数据记录在低频“ *. TSL”文件和高频“ *. TSH”文件中，不同的文件扩展名分别表示不同的频带。其中，TSL 文件记录采样率为 24 Hz 的低频 E_x、E_y、H_x、H_y、H_z 五道数据，TSH 文件则记录两组采样率分别为 320 Hz 和 2560 Hz 的高频 E_x、E_y、H_x、H_y、H_z 五道数据，同时还附带一个“ *. TBL”文件的时间序列，该文件用来存储采集的各种参数[148]。

时间序列文件是以“记录”为单位的二进制文件，按照采样时间的顺序进行记录，首先为时间标签信息(TAG)，然后从记录的第一个采样开始按时间顺序依次写成观测数据，且扫描率总是精确为 1 Hz 的整数倍[149]。

根据仪器的硬件不同，标签的格式也可能不同，但在一个文件中只会使用一种标签。标签以 8 位或 16 位 2 的补码格式储存，TSH 和 TSL 文件中的标签储存格式相同，都为 16 字节；TSn 文件中的标签储存格式则为 32 字节。每个字节代表不同意义，其中记录采集时间、记录中的扫描个数及每个扫描的道数信息尤为重要，标签字节分配详见表 4－1 所示。

表 4－1　标签字节分配表

字节	意义
1～8	每个记录中第一个扫描的 UTC 时间
1	秒
2	分
3	时
4	天
5	月
6	年(后两个数字)
7	星期
8	世纪
9，10	仪器序列号(16 位整数)
11，12	记录中的扫描个数(16 位整数)
13	每次扫描的道数
14	标签长度(TSn)或标签长度码(TSH、TSL)
15	状态码
16	位饱和标志
	TSH 和 TSL 文件从此结束
17	保留，未来表示不同的标签或采样格式
18	采样长度
19，20	采样率
21	采样率单位
22	时钟状态
23～26	时钟误差(微秒)
27～32	保留，必须为 0

TSH 文件交替储存采样率为 2560 Hz 和 320 Hz 的观测数据。两种频率数据的采样时间为 1 min：前者在奇数分钟储存，后者在偶数分钟储存。一个扫描是一组采样，每道一个，同时进行，一个采样时间的完整扫描以道号的顺序连续储存。TSL 文件的储存方式相对简单，每个记录有 24 个扫描，每个扫描 5 道并以道号的顺序连续储存，每道均由 3 个字节组成。两种文件的观测数据均以采样为单位，由于 V5 - 2000 系统将每个采样数据分成三字节储存，且为 32 位 2 的补码格式。因此，在数据读取前要明确三个字节各自代表的位值高低。经研究发现，每个采样中的第一个字节为低值位；第二个字节为中值位；第三个字节为高值位。

接下来，根据上述文件的储存格式在 VC 环境下进行编程，读取不可见的原始数据并转换成 Windows 能识别处理的 dat 文件进行保存。

以 TSL 文件的格式为例，原始大地电磁时间序列读取的程序流程如图 4 - 2 所示。

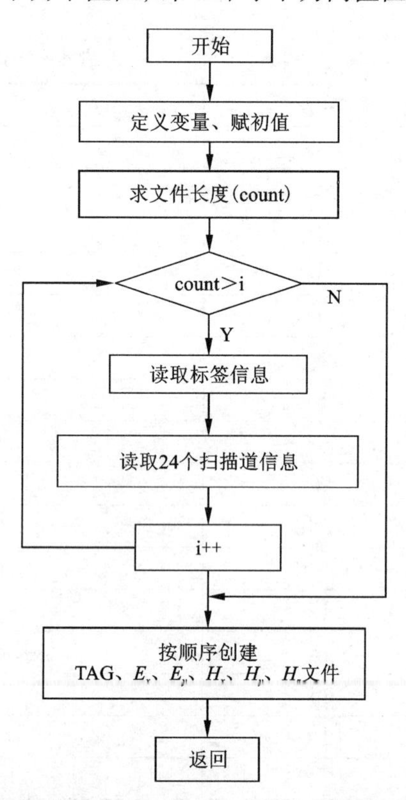

图 4 - 2　TSL 文件程序读取流程图

分析图 4 - 2 可知，程序首先确定文件长度。由于采用的是静态链表存储临时变量，而生成的文件（time、E_x、E_y、H_x、H_y、H_z）大小并不相同。因此，每个指向不同文件数据的指针均需分配相应的内存。根据 TSL 文件的数据格式，time 文件的长度为 Timelength = filelength/(16 + 24 × 15) × 16；其余五道数据文件的长度均为 Timelength × 24。然后，将 TSL 文件中的信息依据其数据存储顺序，即 1 个标签和 24 个扫描（每个扫描均有 E_x、E_y、H_x、H_y、H_z 五道），分别存入不同文件的临时指针所指的空间中。每记录一次标签信息，则将记录 24 次数据信息。最后，创建不同的文件，将暂存的数据写入相应新建的文件中。

TSH 文件读取的思路与 TSL 大致相同，但由于 TSH 文件记录了两种不同频率的数据信息，其读取流程与 TSL 文件略有差异，主要体现在数据暂存上。由于 TSL 文件中 24 Hz 的采样率是确定的，所以每个记录中的扫描数也是确定的，程序可以按照同一规律进行数据存储。然而，在 TSH 文件中存在 320 Hz 和2560 Hz 两种采样率，因此，必须首先确定读取的数据属于哪种采样率。程序采用的方法是读取标签信息中每个记录中的扫描数，若此扫描数是320，则将相应的数据暂存入采样率为320 Hz的临时指针中，反之亦然。

TSL和TSH文件的实测点经上述程序读取后，将转换成E_x24、E_x320、E_x2560、E_y24、E_y320、E_y2560、H_x24、H_x320、H_x2560、H_y24、H_y320、H_y2560、H_z24、H_z320、H_z2560、TSLtime、TSHtime320、TSHtime2560共18个dat文件。

图4-3所示为V5-2000自带的Synchro Time Series View图形阅读器窗口下，采样率为24 Hz的E_x道记录实测大地电磁数据。

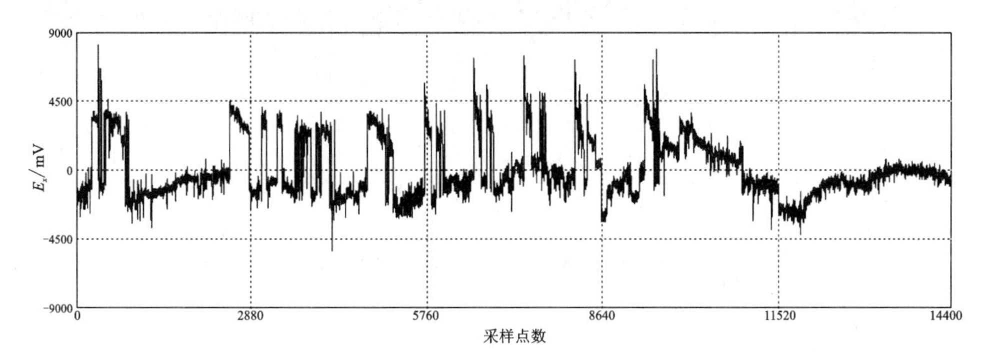

图4-3　V5-2000中采样率为24 Hz的原始MT时间序列

图4-4所示为VC环境下，从TSL文件中读取出的采样率为24 Hz的E_x道的dat文件在Matlab中的观测结果。

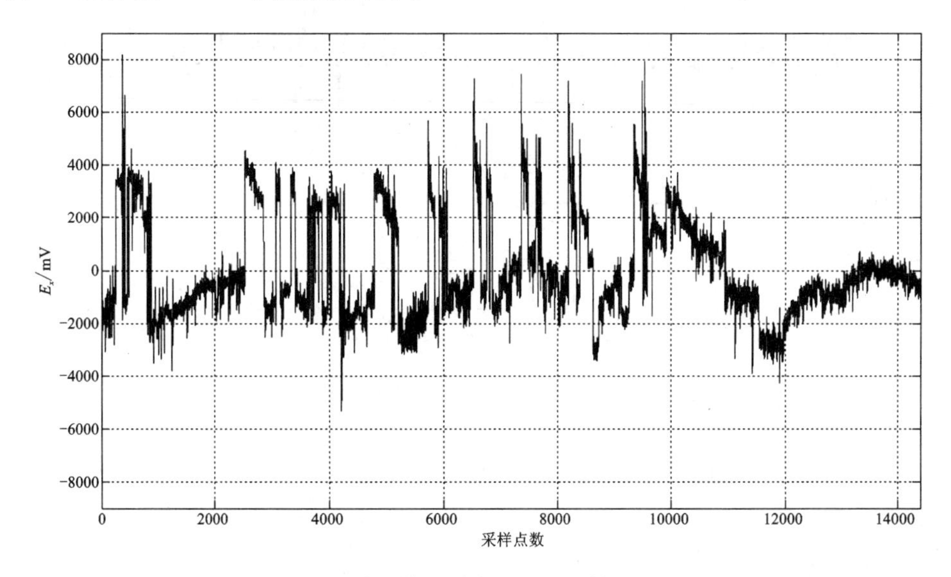

图4-4　读取的采样率为24 Hz的时间序列

图4－5、图4－6和图4－7、图4－8分别所示为TSH文件中读取出的采样率为320 Hz和2560 Hz的E_x道实测数据。

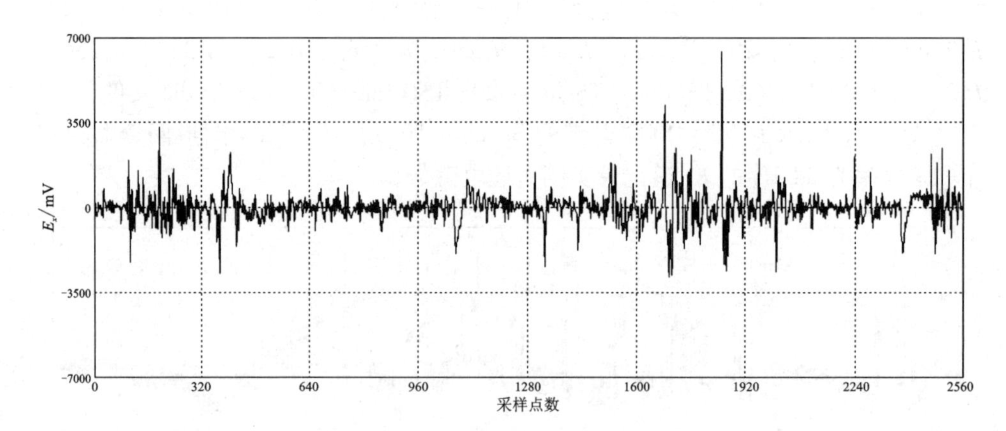

图4－5　V5－2000中采样率为320 Hz的原始MT时间序列

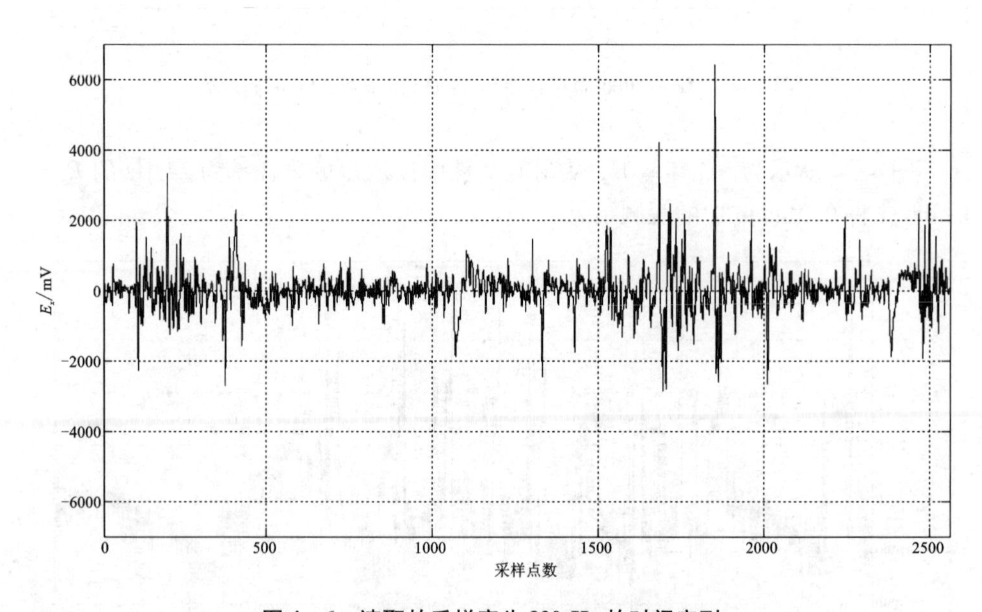

图4－6　读取的采样率为320 Hz的时间序列

分析对比图4－3至图4－8可知，在VC环境下按照上述思路编程，读取的原始数据时间序列与V5－2000仪器采集的数据一致，从而实现了TSL和TSH文件中原始MT数据的读取。

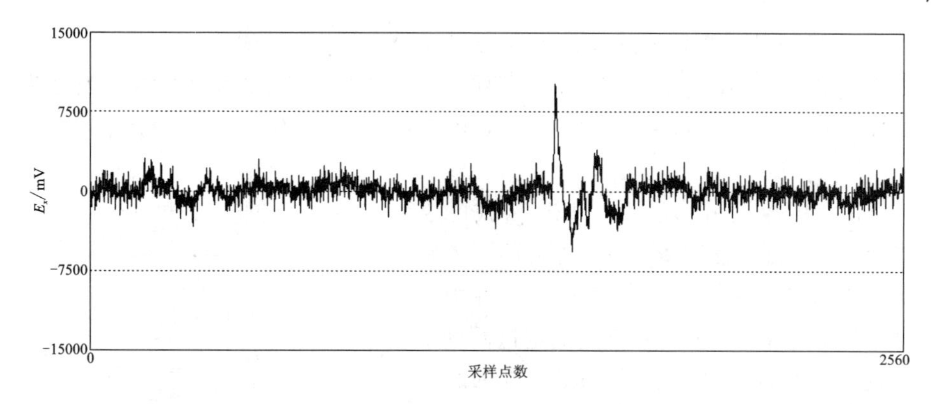

图 4－7　V5－2000 中采样率为 2560 Hz 的原始 MT 时间序列

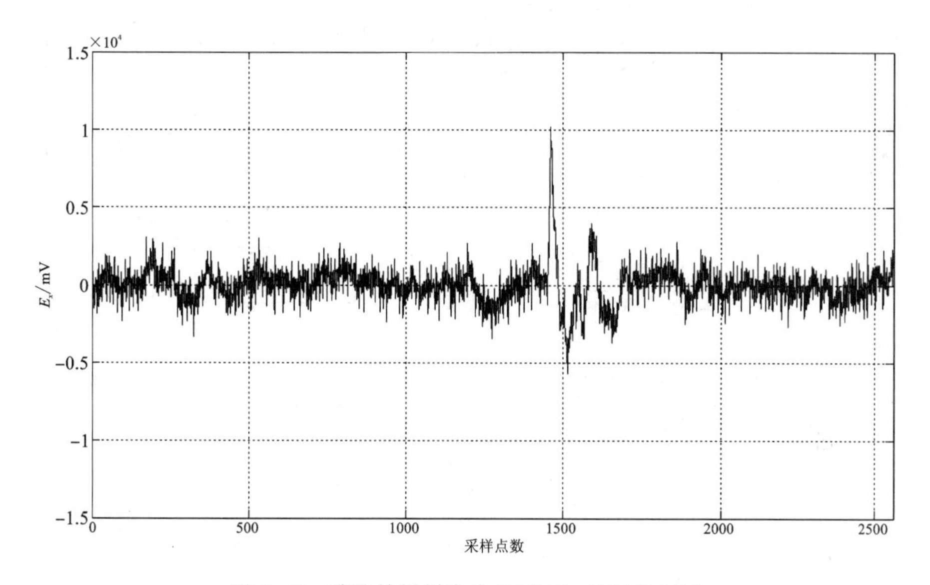

图 4－8　读取的采样率为 2560 Hz 的时间序列

4.1.2　大地电磁数据还原

为进一步分析原始数据的处理效果，有必要将处理后的 dat 文件重新还原成 TSL 和 TSH 格式的文件，以便于仍采用仪器自带的 Synchro Time Series View 图形阅读器进行观测及估算阻抗。

数据还原为上述数据读取的逆过程。

首先，确定转换后文件的大小。无论是 TSL 还是 TSH 文件，转换后的大小均由 time 文件（存储标签信息的文件）决定。

TSL 文件中由于每个记录包含一个标签信息（16 字节）和 24 个扫描（每个扫描有 5 道数据、每道数据占 3 个字节）数据。因此，TSL 文件的总长度为标签信息个数乘以376，即：TSLlength =(timelength/16)×376个字节。

TSH文件由320 Hz和2560 Hz两种采样率构成。因此，TSH文件总长度为：

TSHlength = 320timelength/16 ×(320 ×15 +16) +2560timelength/16 ×(2560 ×15 +16)个字节。

然后，将数据进行暂存。TSL格式的文件按照一个标签信息、24个扫描循环写入临时指针所指内存即可。TSH格式的文件由于包含两种采样率，因此，需要先确定这两种采样率数据写入的顺序。依据TSH文件的时间序列数据格式，2560 Hz和320 Hz采样率交替存储，前者存储在奇数分钟、后者存储在偶数分钟，而每分钟存储的记录数由采集设定。程序中采用的方法是判断time文件中时间的分钟数第一次变化与最初之间的距离(相隔的标签数)，此距离即为每分钟存储的记录数。若此距离在2560 Hz和320 Hz采样率中分别记为cnt1和cnt2，则TSH文件的写入顺序为先循环写入cnt1个2560 Hz采样率的记录(1个标签信息和2560个扫描)，接着写入cnt2个320 Hz采样率的记录(1个标签信息和320个扫描)，并以此循环写入直至完毕。

最后，创建不同的文件，将暂存的数据写入相应新建的文件中。

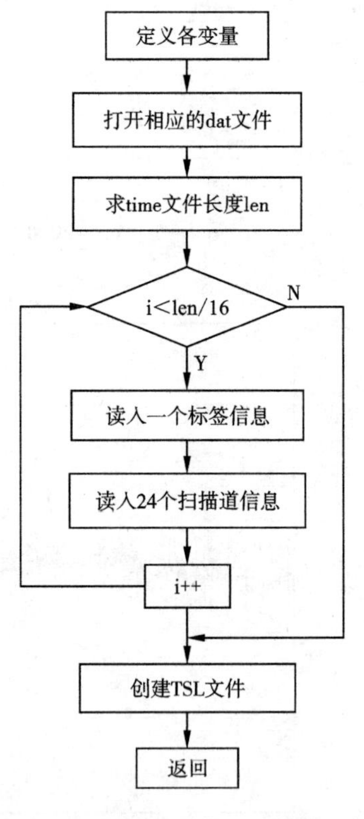

图4-9　TSL文件程序还原流程图

同样以TSL文件为例，大地电磁dat文件还原成TSL文件格式的程序流程如图4-9所示。

本节介绍了V5-2000大地电磁测深系统中原始时间序列提取及还原的思路，主要是从TSL和TSH文件中读出标签信息，包含时间、仪器序列号、记录中的扫描道数、每个扫描中的道数、标签长度(TAG)、状态码、位方式饱和标志，以及24 Hz、320 Hz和2560 Hz三种采样率各自对应的E_x、E_y、H_x、H_y、H_z五道记录数据，并同时把处理后的dat文件还原为TSL和TSH格式文件。

当遇到以TSn(TS2/3/4或TS3/4/5)格式采集的数据时，只需根据TSn时间序列中数据格式的标签文件修改记录的扫描数及数据的存储格式，其程序读取及还原的思路与TSL和TSH格式相同，这里不再阐述。这些操作的实现为剖析V5-2000大地电磁测深系统采集的原始大地电磁数据，以及对原始数据进一步分析处理提供了可能。

4.2　传统形态滤波信噪分离效果

为了验证数学形态滤波方法的实用性，对庐枞矿集区中受强干扰污染严重的实测大地电磁数据进行去噪研究。考虑到大地电磁信号的数据量庞大、噪声类型极其复杂，本节选用采样率为 24 Hz 的电道 E_x 和 E_y 中具有典型强干扰特征的数据进行分析，从时间域波形上讨论传统形态滤波的去噪效果。

4.2.1　不同类型结构元素滤波效果

图 4－10 所示为一段来自电道 E_x 的实测大地电磁数据，分别采用直线型、圆盘型和抛物线型三种结构元素进行形态滤波的仿真效果图。

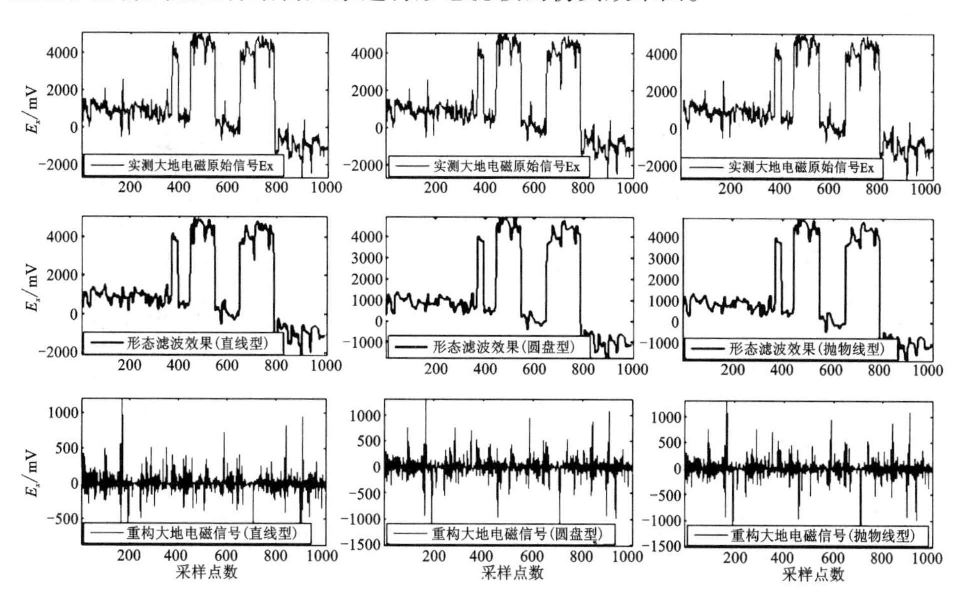

图 4－10　三种不同类型结构元素形态滤波效果图

分析图 4－10 可知，圆盘型和抛物线型结构元素较直线型结构元素滤波效果明显，提取的形态轮廓更加清晰、平滑，重构的大地电磁信号有效地剔除了大尺度干扰和基线漂移，突出了大地电磁有用信号的相关局部特征[150]。

4.2.2　同一类型不同尺寸结构元素滤波效果

图 4－11 所示为两段来自电道 E_x 的实测大地电磁数据，分别采用不同尺寸的圆盘型结构元素进行形态滤波的仿真效果图。其中，结构元素的长度分别选用 3 点结构元和 5 点结构元。从图 4－11 可知，原始信号中包含大尺度类方波干扰。

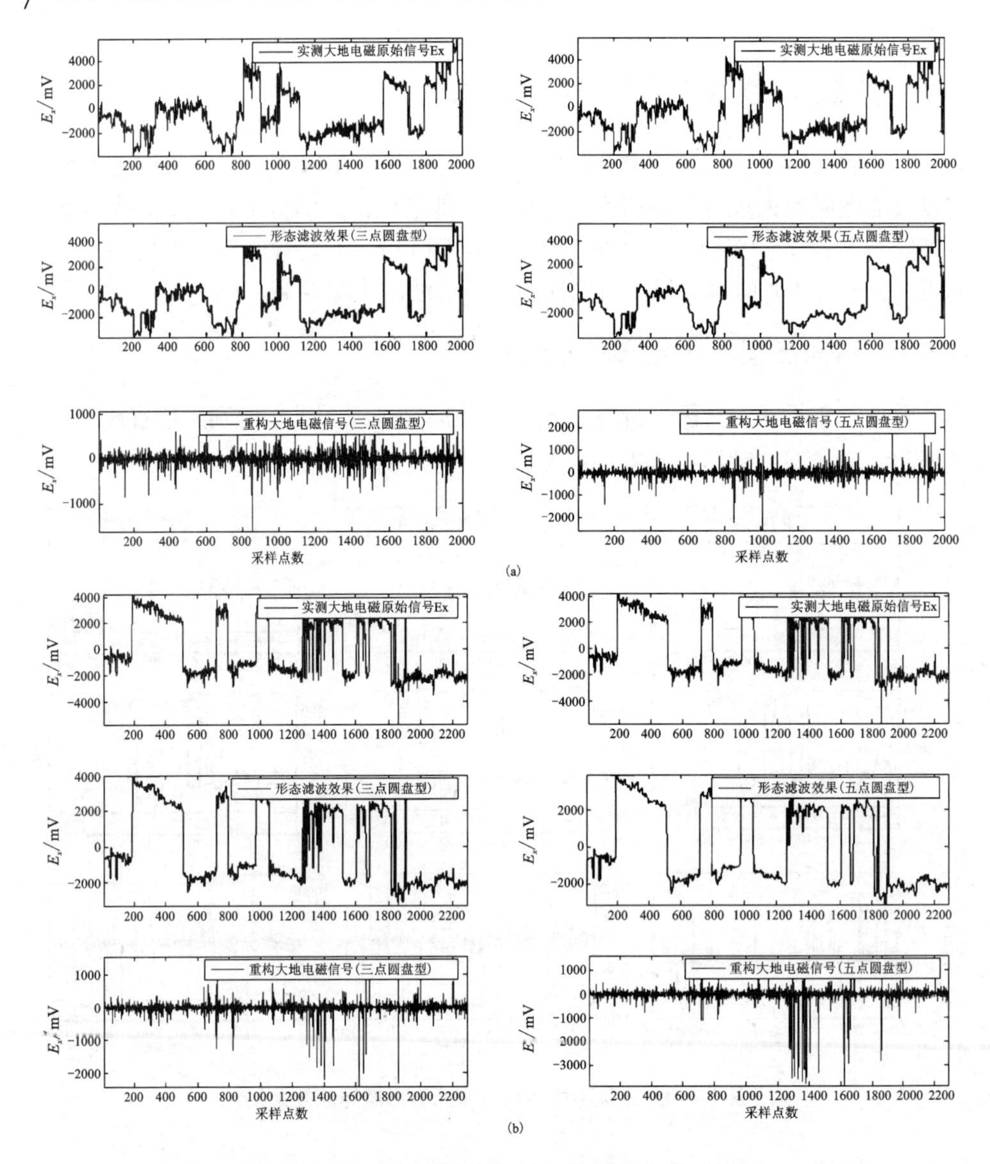

图 4-11　不同尺寸圆盘型结构元素形态滤波效果图

(a)实测大地电磁原始信号 E_x 时间片段 1；(b)实测大地电磁原始信号 E_x 时间片段 2

分析图 4-11 可知，5 点圆盘型结构元素的滤波效果更为明显。原始信号经 5 点结构元素形态滤波后，提取出的含大尺度类方波干扰的噪声轮廓曲线较 3 点结构元素自然、光滑，较好地保持了原始信号本身的形态特征。重构后的大地电磁信号基本滤除了由干扰引起的突跳波形，强干扰与大地电磁正常信号得到了有效分离。

图4－12所示为两段来自电道 E_y 的实测大地电磁数据，分别采用不同尺寸的抛物线型结构元素进行形态滤波的仿真效果图。从图4－12可知，原始信号中包含大尺度类充放电三角波干扰。

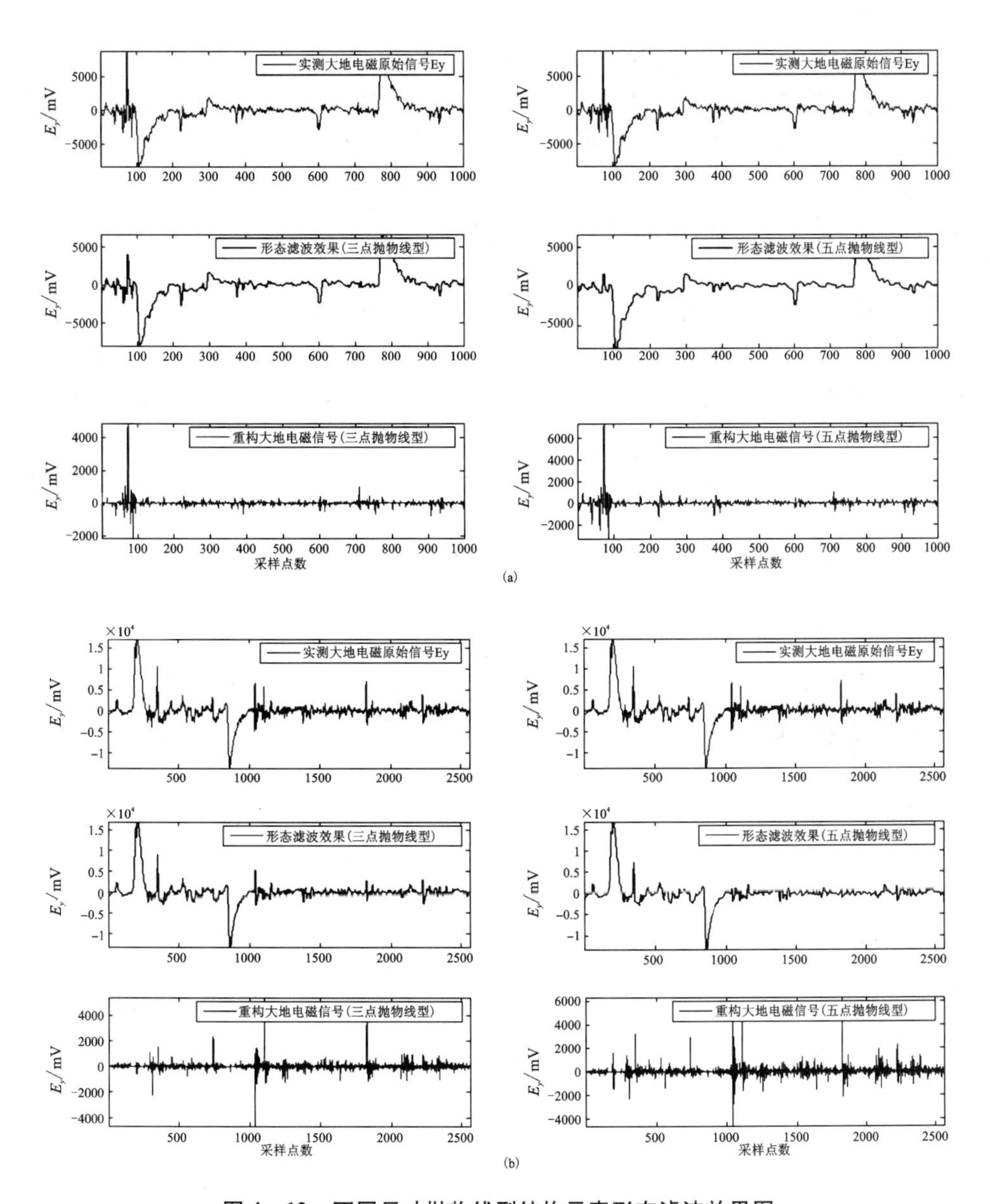

图4－12　不同尺寸抛物线型结构元素形态滤波效果图

(a)实测大地电磁原始信号 E_y 时间片段1；(b)实测大地电磁原始信号 E_y 时间片段2

对比分析图 4－12 可知，5 点抛物线型结构元素的滤波效果明显优于 3 点结构元素。从图 4－12 可知，5 点结构元素提取的含大尺度充放电三角波干扰的噪声轮廓曲线比 3 点结构元素更为光滑，从而使重构的大地电磁信号中保留了更为丰富的细节成分。

以上仿真实验表明，当结构元素的长度在有效范围内时，选择合适的结构元素的尺寸能更好地获取叠加在大地电磁有用信号上的噪声轮廓，重构后的信号则基本还原了大地电磁有用信号的原始特征。

4.3　广义形态滤波器的定义与构建

数学形态变换能将复杂的待处理信号与背景进行分离，并在拆解成若干个具有不同物理意义成分的同时，对信号本身所固有的主要特征及形状进行较好地保持[151]。对 Maragos 构建的经典形态开－闭和闭－开滤波器的统计特性进行研究可知，传统形态滤波器存在严重的统计偏倚现象[152]。显然，单独使用传统的形态开－闭和闭－开滤波器不能达到理想的滤波效果。为了有效压制信号中的各种噪声干扰，可以在形态开、闭运算的级联过程中选用不同类型及尺寸的结构元素构建广义形态滤波器，从而更好地克服统计偏倚现象[153]。

4.3.1　广义形态滤波器的定义

设输入信号 $f(n)$ 为定义在 $F=\{0, 1, \cdots, N-1\}$ 上的离散函数，结构元素 $g_1(n)$ 为定义在 $G_1=\{0, 1, \cdots, M_1-1\}$ 上的离散函数，结构元素 $g_2(n)$ 为定义在 $G_2=\{0, 1, \cdots, M_2-1\}$ 上的离散函数，则 $f(n)$ 关于 $g_1(n)$ 和 $g_2(n)$ 的广义形态开－闭和形态闭－开滤波器定义如下[154]：

$$GOC(f(n)) = f \circ g_1 \cdot g_2 \tag{4-1}$$

$$GCO(f(n)) = f \cdot g_1 \circ g_2 \tag{4-2}$$

式中，g_1 和 g_2 分别表示不同的结构元素。GOC 表示广义形态开－闭滤波器，GCO 表示广义形态闭－开滤波器。

广义形态滤波器的基本滤波单元 $\Psi_{GOC(GCO)}(g_1, g_2)$ 定义为：

$$y(n) = \Psi_{GOC(GCO)}(g_1, g_2) = [GOC(f(n)) + GCO(f(n))]/2 \tag{4-3}$$

式中，$y(n)$ 表示形态滤波器的输出结果，$\Psi_{GOC(GCO)}(g_1, g_2)$ 表示广义形态滤波器的基本滤波单元。利用广义形态开－闭和闭－开运算的线性组合，能较好地消除标准形态算子产生的统计偏倚现象的同时，保持目标信号所固有的几何结构特征，且不含模糊信号中突然出现的陡峭阶跃性变化。

图 4－13 所示为采用广义和传统形态滤波在消除统计偏倚现象上的仿真效果对比图。其中，原始信号假设为计算机模拟的四种不同幅值同一频率的正弦信号。

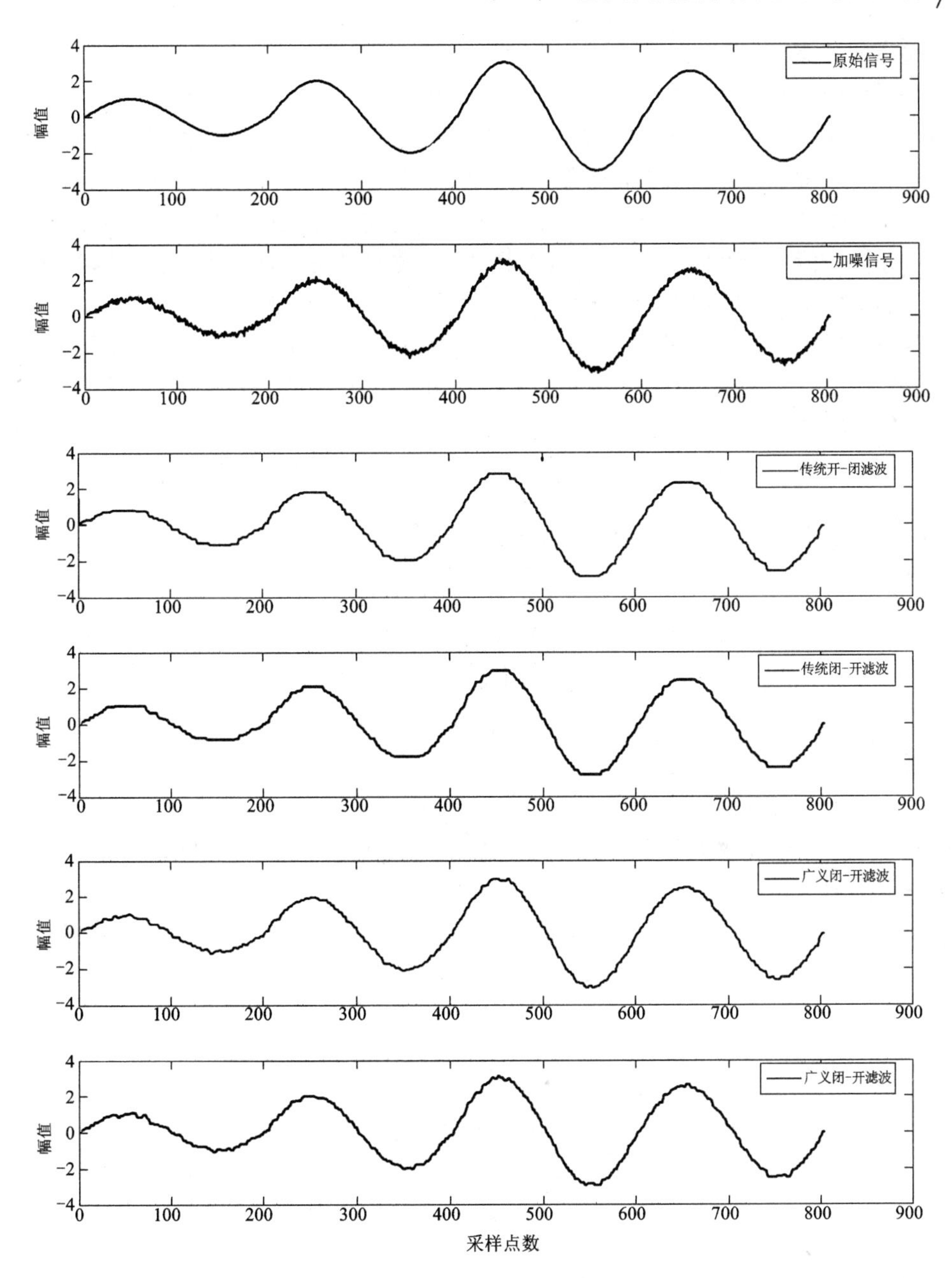

图4-13 广义形态滤波消除统计偏倚现象效果图

分析图4-13可知，传统形态开-闭和闭-开滤波器并没有完全滤除噪声，特别是在信号曲率最大的峰顶和谷底均有被削平的迹象。若待处理信号的能量增强、幅值增大，传统形态滤波在曲率变化处会出现极大失真现象，势必严重影响其噪声抑制能力[155]。

根据形态开、闭运算的收缩性及扩张性可知，开运算本身在消除正脉冲干扰的同时会加大负脉冲干扰，导致在形态开－闭滤波器中的闭运算若仍采用相同尺寸的结构元素，其输出结果将不能完全消除增强后的负脉冲干扰。从图4－13可知，有些负脉冲干扰仍保留在传统形态开－闭滤波的结果中，有些正脉冲干扰则同样保留在传统形态闭－开滤波的结果中。由于传统形态滤波器选择相同类型及尺寸的结构元素，导致不能完全滤除正、负脉冲，而广义形态开－闭和闭－开滤波器由于选用不同类型及尺寸的结构元素，输出统计偏倚明显小于传统形态滤波器的统计值。由此可知，经广义形态开－闭和闭－开滤波器处理后，在信号曲率变化处的细节成分得到了较好地保留，正、负脉冲均得到了较为理想的滤除，其整体去噪性能具有较为明显的改善。

4.3.2 组合广义形态滤波器的构建

传统形态滤波虽可抑制正、负脉冲干扰，但由于仅采用相同类型及尺寸的结构元素，导致输出结果很难全面涉及到信号在各个方向上的几何结构特征。因此，传统形态滤波在消除噪声干扰的同时，也丢失了信号中某些有用的局部细节信息，对处理过程中原始信号本身所固有的边缘特性及几何形状特征的保留产生不利影响。

广义形态滤波器的优势在于可以灵活选取不同类型和不同尺寸的结构元素，对消除传统形态滤波器存在的统计偏倚现象具有更好的效果，同时能有效提高对噪声干扰的压制性能。

传统形态开－闭和闭－开滤波器组成的并联平均基本滤波单元如图4－14所示，定义为：$\Psi(g)$。

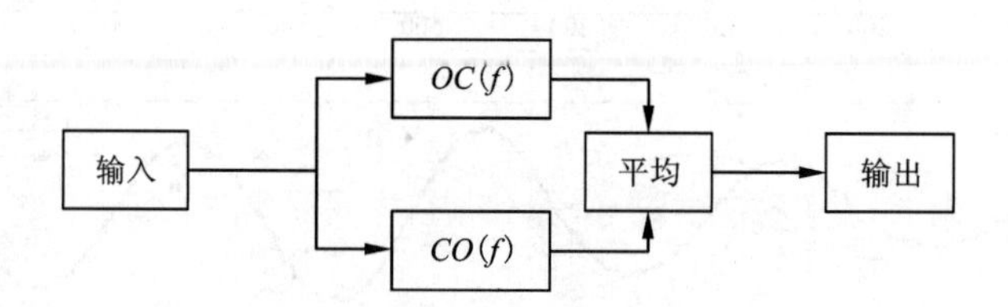

图4－14 并联平均基本滤波单元框图

由并联平均形态滤波单元$\Psi(g)$组成常见的正、负结构元素广义形态滤波器和级联平均广义形态滤波器分别如图4－15和图4－16所示。

鉴于圆盘型结构元素具有旋转不变性，避免了直线型结构元素平滑程度不够的缺点，而抛物线型结构元素能有效抑制脉冲噪声干扰。因此，本节选用圆盘型和抛物线型两种结构元素来设计广义形态滤波器。

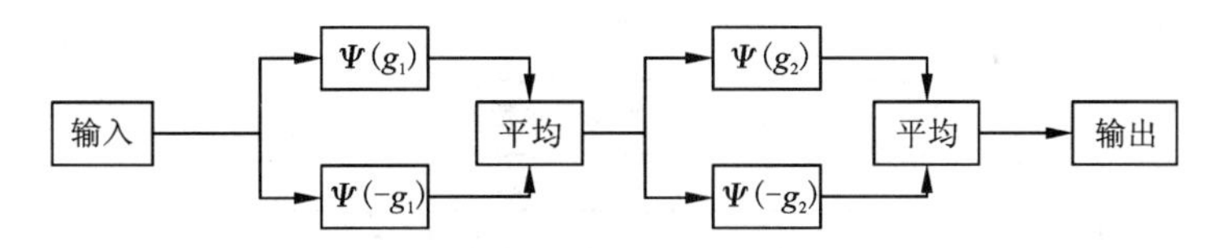

图4-15　正负结构元素广义形态滤波器框图

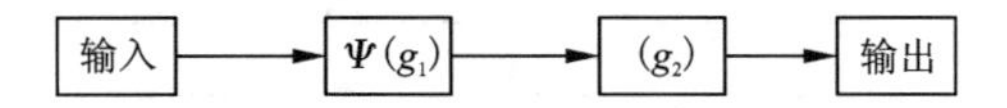

图4-16　级联平均广义形态滤波器框图

考虑到大地电磁信号的准对称性及有效克服基线漂移现象，本节将正、负结构元素级联组成如图4-17所示的组合广义形态滤波器，其目的是进一步抑制目标信号中的各种噪声干扰和消除统计偏倚现象。

图4-17　正、负结构元素级联组合广义形态滤波器

图4-17中，$\Psi_{GOC(GCO)}(-g_1, -g_2)$表示采用负的结构元素组成的广义形态基本滤波单元。

经组合广义形态滤波处理后，重构的大地电磁有用信号定义为：

$$\chi(n) = f(n) - y(n) \tag{4-4}$$

4.4　组合广义形态滤波去噪效果

4.4.1　基于组合广义形态滤波的大地电磁强干扰分离流程

图4-18所示为基于组合广义形态滤波的大地电磁强干扰分离基本流程图。

首先，读取V5-2000大地电磁测深系统采集的原始数据，使其成为Windows能识别的dat文件。然后，将3种不同采样率的E_x、E_y、H_x、H_y共12道信号分别进行组合广义形态滤波处理，结构元素的尺寸及大小由各道信号的波形特征决定。接着，将去噪处理后的dat数据重新还原成V5-2000格式的文件。最后，利用SSMT2000计算视电阻率-相位曲线。

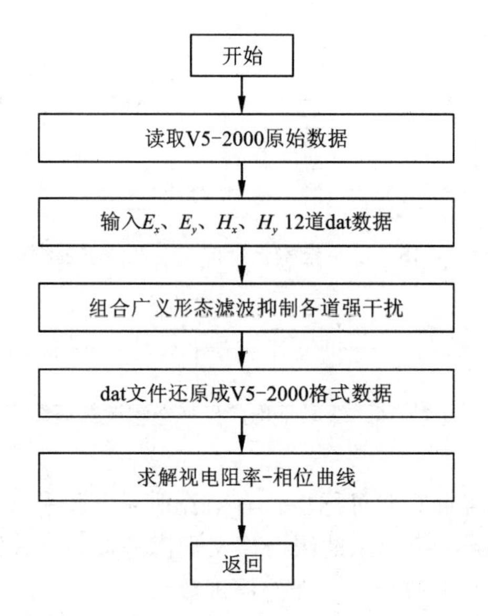

图 4-18 基于组合广义形态滤波的大地电磁强干扰分离流程图

4.4.2 时间域波形去噪效果

图 4-19 所示为实测大地电磁电道 E_x、E_y 和磁道 H_x、H_y 的时间域信号，经传统形态滤波和组合广义形态滤波处理后的去噪效果图。从图 4-19 可知，E_x、E_y、H_x、H_y 的时域波形中均不同程度地受到了典型的大尺度强噪声干扰。

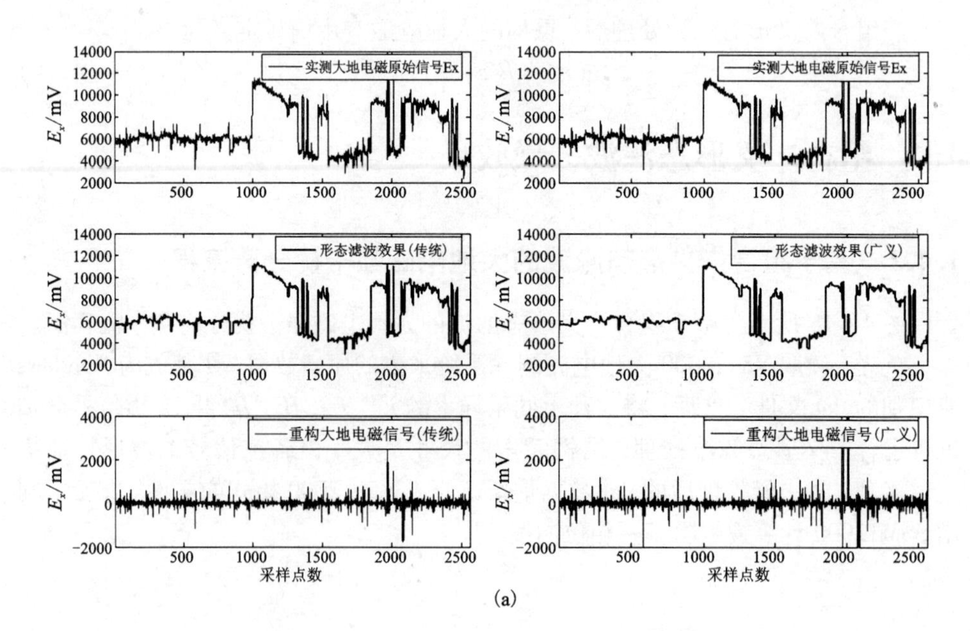

(a)

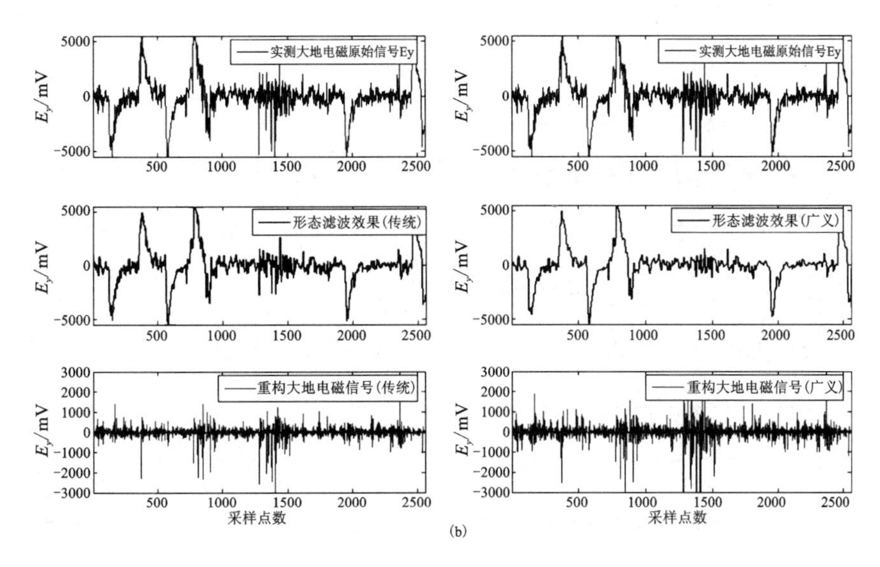

图4－19A　传统形态滤波和组合广义形态滤波时间域效果对比

(a) E_x 分量；(b) E_y 分量

分析图4－19可知，传统形态滤波在获取噪声轮廓上出现很严重的毛刺现象，曲线不光滑、连续性差，且在部分曲率最大处造成了信号的失真，滤波效果不好。这是由于传统形态开－闭和闭－开滤波器只采用单一类型及尺寸的结构元素进行处理，虽能较大程度上压制噪声，但信号的细节成分也被模糊化。组合广义形态滤波则几乎完整地勾勒出整段大尺度噪声轮廓，曲线自然、光滑，重构的大地电磁信号较好地保留了有用信号的细节信息，重现了原始大地电磁信号的基本特征，保持了目标信号的几何结构，从而保证了大地电磁有用信号的准确性。

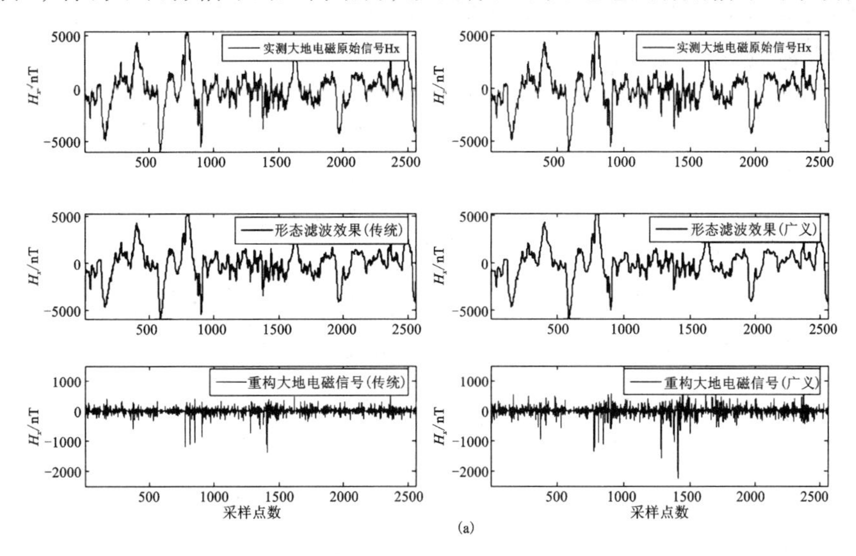

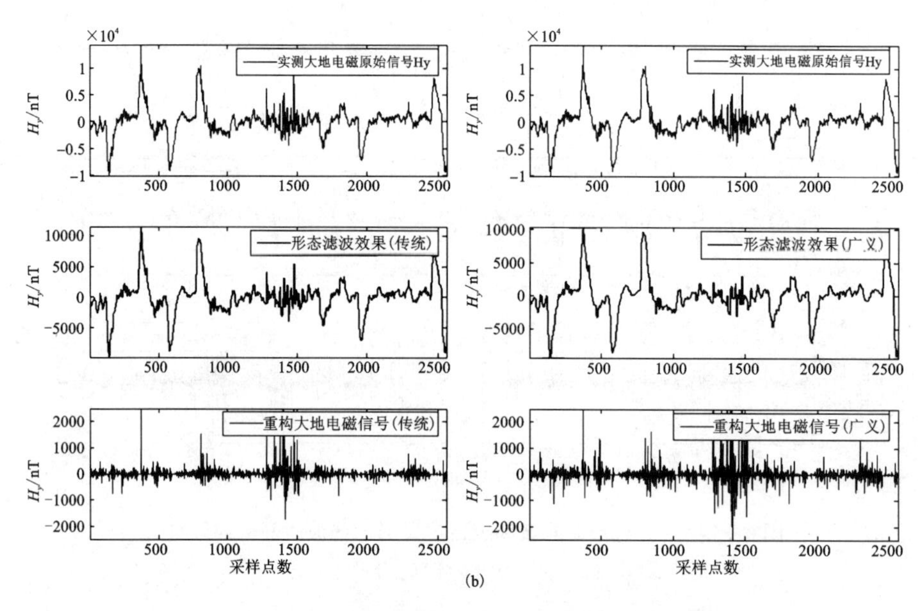

图 4-19B　传统形态滤波和组合广义形态滤波时间域效果对比

(a)H_x 分量；(b)H_y 分量

图4-20和图4-21所示为同一测点相同时间段的 E_x 和 H_y 分量信号分别经组合广义形态滤波处理后的效果对比图，观测软件为 Synchro Time Series View。图4-20和图4-21是通过先把 V5-2000 采集的原始数据读取出来，然后进行组合广义形态滤波处理，最后再把 dat 文件还原成 TSL(TSH)格式的文件重新在 Synchro Time Series View 观测窗口中同步显示，其目的是为了更好地比较组合广义形态滤波前后的时间域波形。

分析图4-20和图4-21可知，原始数据的 E_x 分量和 H_y 分量在同一时刻采集，且本身信号波形具有一定的相关性。经组合广义形态滤波处理后，E_x 和 H_y 分量在滤除大尺度干扰的同时仍保留了其相关性的特征，提取的含大尺度强干扰的整个包络更为准确、包含更少的叠加在大尺度强干扰上的大地电磁有用信息。因此，从时间域波形可知，组合广义形态滤波能更精确地提取大尺度强干扰的轮廓特征，为大地电磁有用信号的重构奠定了基础。由于大地电磁张量阻抗是用彼此正交的 E_x-H_y 和 E_y-H_x 之比表示，这样就确保了后续将重构信号做阻抗估算的可靠性。

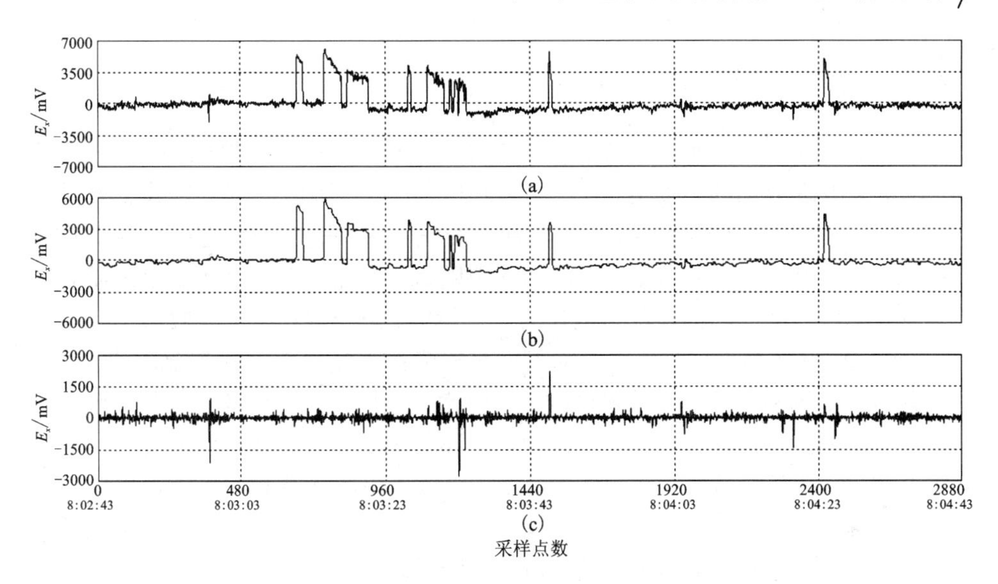

图 4-20　V5-2000 中 E_x 分量的滤波效果

(a)含强噪声干扰的 E_x 时间序列；(b)组合广义形态滤波提取出的噪声轮廓曲线；
(c)重构的大地电磁信号

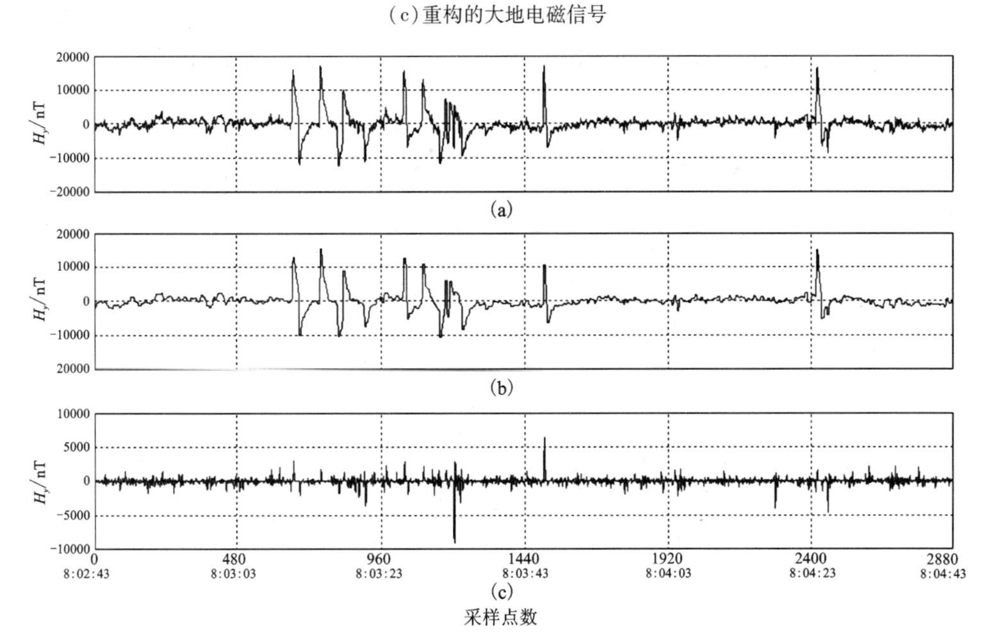

图 4-21　V5-2000 中 H_y 分量的滤波效果

(a)含强噪声干扰的 H_y 时间序列；(b)组合广义形态滤波提取出的噪声轮廓曲线；
(c)重构的大地电磁信号

4.4.3 试验点数据分析

为了验证组合广义形态滤波在大地电磁实测点中的噪声压制效果，在人烟稀少、基本无电磁干扰的青海省柴达木盆地开展了相关试验研究。试验主要是在MT数据采集过程中，同时进行广域电磁法的数据采集，以广域电磁发射源作为干扰源，运用组合广义形态滤波对已知的伪随机干扰信号进行去噪，以未受到广域电磁发射源干扰的时间段的信号作为评价标准，分析对比其去噪效果[156]。

东坪MT采集概况：东坪构造位于青海省柴达木盆地西部阿尔金山前，为柴达木盆地西部拗陷区里坪凹陷亚区的一个近南北走向三级背斜构造，行政区划隶属青海省海西蒙古族藏族自治州。北靠阿尔金山南麓，背斜构造西部与红山旱一号构造相接，南部与碱山构造相邻，东部与牛鼻子山梁构造相对。地表以砂泥质硬盐碱壳为主，地面海拔在2770 m左右。地下为一近东西向展布，由北向南延伸至盆地的一个斜坡带，工作区内整体地势较为平坦。

图4-22所示为该工作区的范围与设计物探测线分布图。在东坪地区以东坪3井为中心，100 km^2 三维坐标(10 km×10 km=100 km^2)布置5条广域电磁法测线，每条测线长10 km，线距2 km、点距100 m。同时，在每条广域电磁法测线上布置11个大地电磁测点，点距1 km，测网内共布置55个大地电磁测深点。

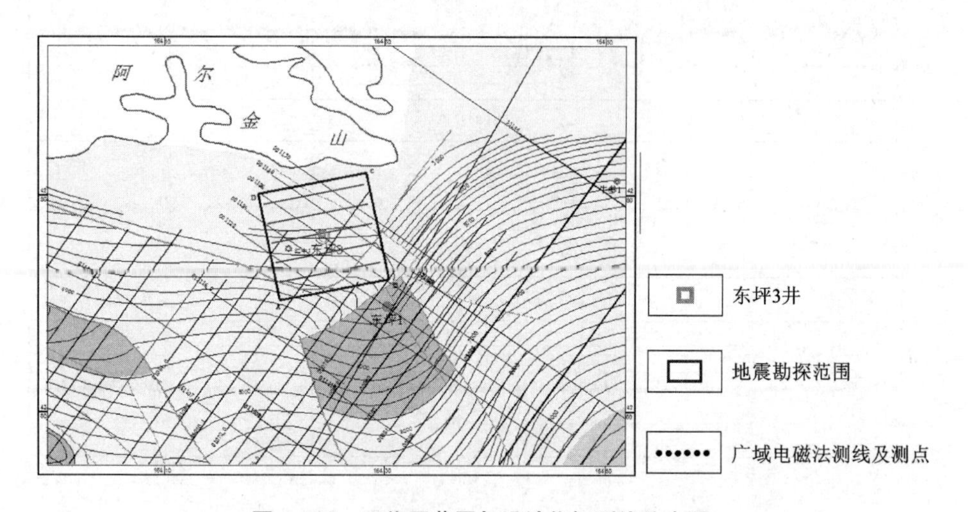

图4-22 工作区范围与设计物探测线分布图

本次大地电磁数据采集的仪器使用的是4套V5-2000大地电磁测深系统。其中，包括两台MTU-5A仪器(2335和2337，探头为MT8C-80)和两台MTU-5P仪器(1687和1688，探头为MTC-50)。为便于仪器的标记，对仪器进行了编号，2335 为 1 号仪器，2337 为 2 号仪器，1687 为 3 号仪器，1688 为 4 号仪器。为保证工作的准确及正常开展，首先对仪器进行了盒子和磁棒的标定，随后进行了仪器一致性实验。

野外布设采用十字型测量系统，电极采用不极化电极，保证极差在 2 mV 以内，电极距 170 m。使用森林罗盘测定方向，角度误差不超过 0.5°。水平磁传感器离中心 10 m 左右成正交地埋入地下 20 ~ 30 cm 处，垂直磁传感器垂直埋入地下，一般确保磁棒 1/2 ~2/3 长度被埋入地下。采集之前测量接地电阻，采取浇灌盐水、深挖电极坑、清除石块虚土和更换地点等措施确保接地电阻小于 2 kΩ。在大地电磁采集开始前，规定沿测线方向(北偏东 78°，近东西方向)为 Y 方向，与其垂直的方向为 X 方向(近南北方向)。

本节选用 4 线 150 号点作为试验点进行分析，该试验点具有以下特征：试验点采集时间为 06:06 - 01:10，共约 19 个小时。其中，在 06:06 - 07:36 近 1.5 个小时内，距该测点 2 km 远处的广域电磁发射机正在向地下注入 80 A 的伪随机信号，频率范围为 0.016 ~8192 Hz，导致 MT 数据采集时同时接收到广域电磁发射源的干扰，而在 07:37 - 01:10 近 17.5 个小时内，由于广域电磁发射机停止工作，MT 采集的数据未受其影响。

图 4 - 23 所示为该测点在 06:06 - 07:36 近 1.5 个小时内的一段时间域波形。从图 4 - 23 可知，电道 E_x、E_y 和磁道 H_x、H_y 中分别出现了大尺度类方波干扰和类充放电三角波干扰，其幅值和能量远大于正常大地电磁有用信号。

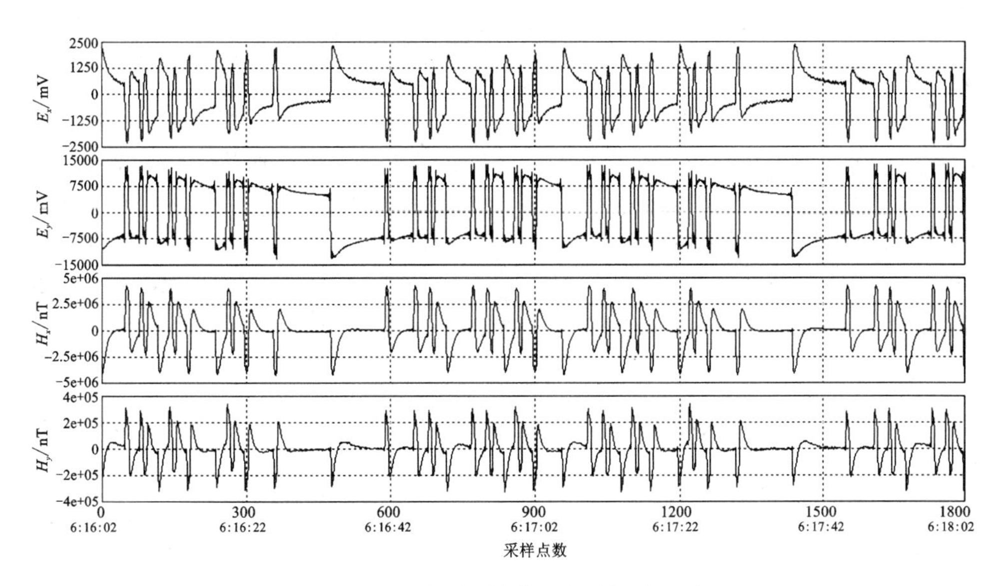

图 4 - 23　含强干扰的一段时间域波形

观测整个干扰时间段的电道和磁道的时间序列发现，噪声干扰的类型均比较单一。因此，从时间域波形可以推断，该时间段受到的噪声干扰源应该相对也比较单一。

图 4 - 24 所示为该测点在 07:37 - 01:10 近 17.5 个小时内的一段时间域波形。从图 4 - 24 可知，电道和磁道均未发现明显的非天然电磁场信号，即没有受到强噪声干扰。

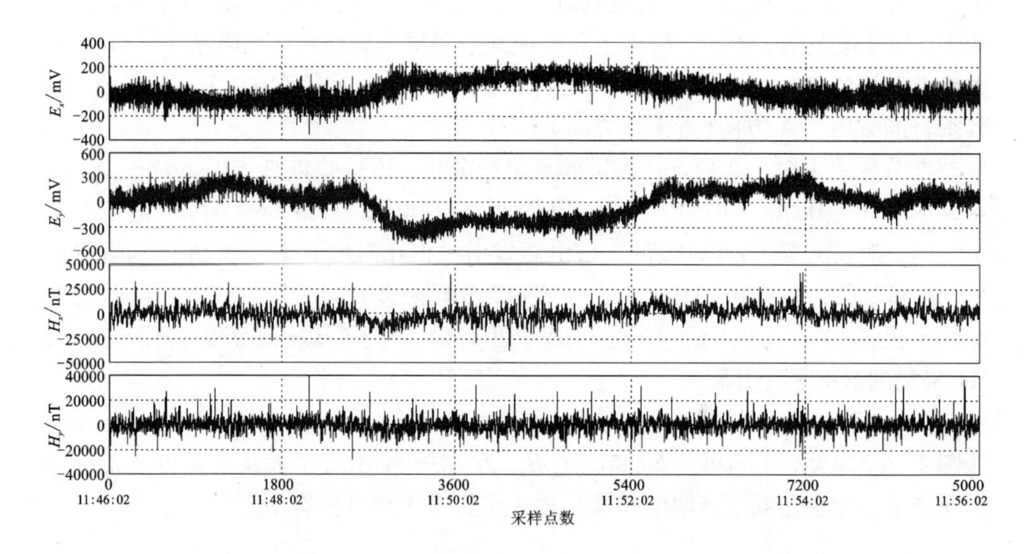

图 4 - 24　未受噪声干扰的一段时间域波形

对该测点的采集环境进行分析可知，该试验点周围地势平坦，在 MT 采集时除了广域电磁发射机在前 1.5 个小时工作外，周围未发现其他明显的干扰源。因此，可以判断前 1.5 个小时的 MT 采集信号中出现的大尺度异常波形应该是由广域电磁发射源所引起的。由于该测点仅受到广域电磁发射机的干扰，导致时间域波形中出现的干扰类型比较单一，主要体现为低频采样率的电道信号中出现类方波干扰、磁道信号中出现类充放电三角波干扰。

考虑到组合广义形态滤波能比较精确地提取出大尺度强噪声干扰的轮廓曲线，获取叠加在噪声轮廓上非常微弱的大地电磁信号。同时，由于试验点仅受到单一干扰源的影响。因此，可以运用组合广义形态滤波对该测点进行处理，并以未受到干扰时间段的大地电磁信号特征作为评价标准，说明方法的有效性，具体步骤如下：

首先，在时间域对受到干扰的时间段运用组合广义形态滤波去除大尺度强噪声干扰。然后，将重构后的大地电磁信号做阻抗估算，计算视电阻率 - 相位曲线。最后，与未受人工干扰时间段的视电阻率－相位曲线进行对比，说明去噪效果。

图4－25所示为广域电磁发射源干扰前后的视电阻率－相位曲线对比图。其中，未受到广域电磁发射源干扰时间段为07:37－01:10，受到广域电磁发射源干扰时间段为06:06－07:36。

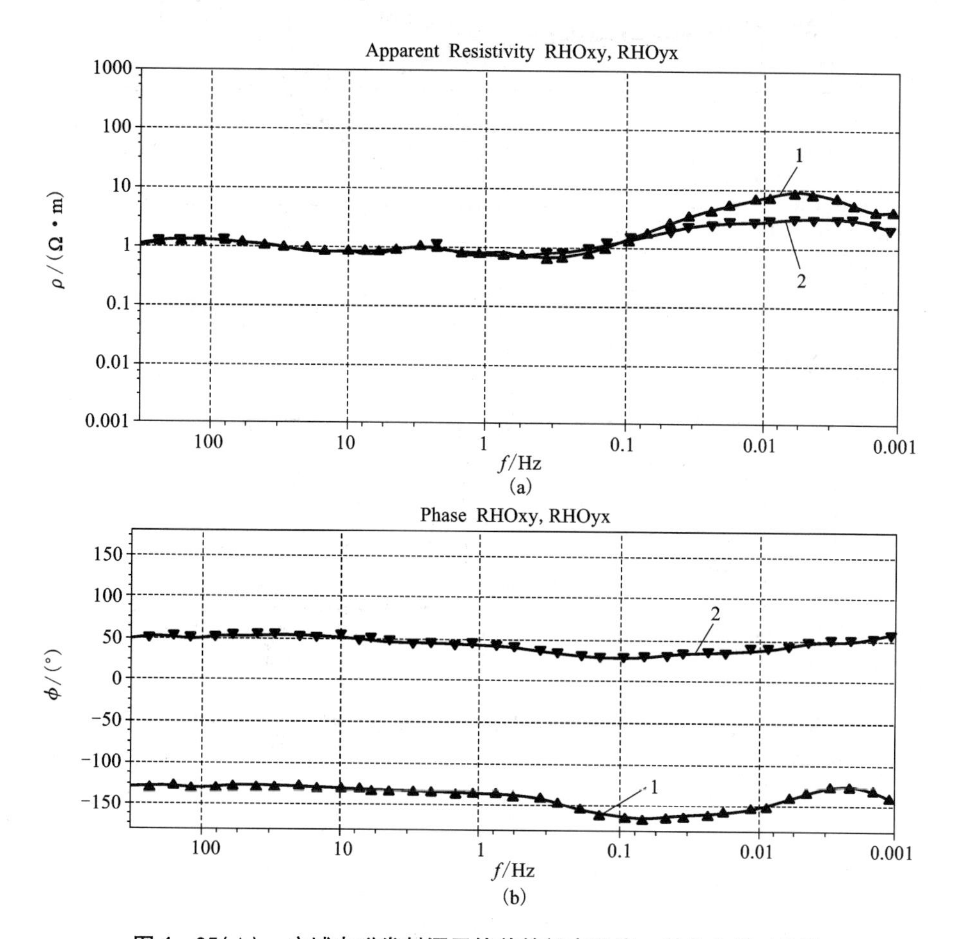

图4－25(A)　广域电磁发射源干扰前的视电阻率－相位曲线对比图

(a)未受到广域电磁发射源时间段的视电阻率曲线；(b)未受到广域电磁发射源时间段的相位曲线

1—*yx* 方向；2—*xy* 方向

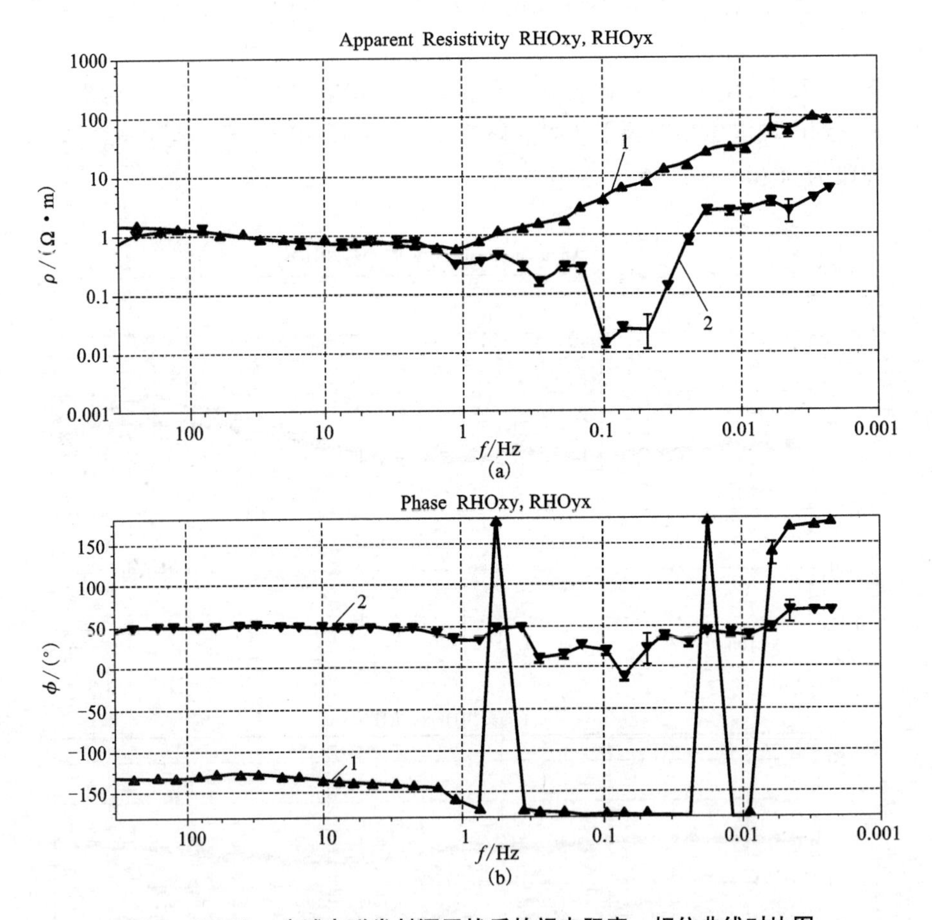

图 4-25(B)　广域电磁发射源干扰后的视电阻率-相位曲线对比图

(a)受到广域电磁发射源干扰时间段的视电阻率曲线；(b)受到广域电磁发射源干扰时间段的相位曲线

1—*yx* 方向；2—*xy* 方向

以均匀半空间的大地电磁场为例，视电阻率具体定义如下：

$$\rho=\frac{1}{\omega\mu}|Z_N(0)|^2 \tag{4-5}$$

式中，ρ 表示电阻率，ω 表示圆频率，μ 表示磁导率，$\omega=2\pi f$，f 单位为 Hz。$Z_N(0)$包括 Z_{TE} 和 Z_{TM}。其中，Z_{TE} 表示横电波型 $Z_{TE}=-\frac{E_y}{H_x}$，Z_{TM} 表示横磁波型 $Z_{TM}=\frac{E_x}{H_y}$。

上式表明，彼此正交的大地电场和磁场分量之比表示大地电磁阻抗张量。随着工作频率的降低，勘探深度会逐渐增加，在地面上测量得到的不同频率的阻抗值可用来获取有关地下介质电阻率随深度变化的信息。

由此可知，视电阻率反映的是在一定频率范围内，电磁场影响所能涉及岩石电性的综合情况。当频率不同时，电磁场影响的范围不同，视电阻率的值自然也随频率变化，反映的是对不同频率信号进行测量时，得到不同深度的电阻率(Ω · m)。

分析图 4 - 25(A)可知，该时间段的视电阻率曲线形态光滑、平稳，且数值稳定，相位曲线连续，呈 50°左右。结合图 4 - 24 的时间域波形进行分析可以得出结论，该时间段由于未受到强噪声干扰，得到的视电阻率 - 相位曲线的形态特征符合正常逻辑。

分析图 4 - 25(B)可知，*xy* 方向的视电阻率曲线突跳明显。在 0.1 Hz 时，视电阻率值下降至 0.01 Ω · m 附近，而在 0.05 Hz 时，视电阻率值上升至 1 Ω · m，相差近 2 个数量级，且该频段曲线不连续。*yx* 方向的视电阻率曲线从 1 Hz 开始直线上升，直至 0.005 Hz 时，视电阻率值达到最大值 100 Ω · m。*xy* 方向的相位曲线在 0.1 Hz 附近不连续，频点凸变明显，且有误差棒。*yx* 方向的相位曲线跳变剧烈，在 0.005 ~1 Hz 时几乎全为 - 180°。结合图 4 - 23 的时间域波形可知，由于该时间段受到了广域电磁发射机发射伪随机序列的干扰，导致低频段的数据质量严重下降，视电阻率 - 相位曲线形态紊乱。从图 4 - 25 可知，由于噪声干扰持续时间仅为 1.5 个小时，导致获得的视电阻率值的频率范围有限，不足以反映该测点所包含的深部信息。

为了横向比较方便，图 4 - 26 所示为该测点在受到广域电磁发射源干扰时间段(06:06 - 07:36)和全时段(06:06 - 01:10)的视电阻率 - 相位曲线对比图。

分析图 4 - 26 可知，由于采集时间增长，大地电磁低频段延伸至 0.001 Hz 附近，中、低频段的数据质量也有所改善，但视电阻率曲线的整体形态仍然没有发生变化。*xy* 方向的相位曲线在 0.1 Hz 附近仍出现凸跳现象，*yx* 方向的相位曲线在 0.01 ~1 Hz 基本仍呈 - 180°。

以上分析可知，该测点在前、后两段时间内由于广域电磁发射机工作的原因，导致视电阻率 - 相位曲线完全不同，受到广域电磁发射源干扰时间段的视电阻率 - 相位曲线已无法真实反映地下电性结构信息。因此，我们把该测点作为试验点进行研究，对受到广域电磁发射源干扰时间段采用组合广义形态滤波进行处理。

该试验点的数据保存格式为 TS3、TS4 和 TS5，根据本书 4.1 节中提及的大地电磁 TSn 格式文件读取思路，将 3 种格式分别对应的采样率为 2400 Hz、150 Hz 和 15 Hz 的原始数据进行读取。

图 4 - 27 所示为 TS5 格式采样(15 Hz)时，一段 E_x 分量的数据采用组合广义形态滤波去噪前后的时间域波形。

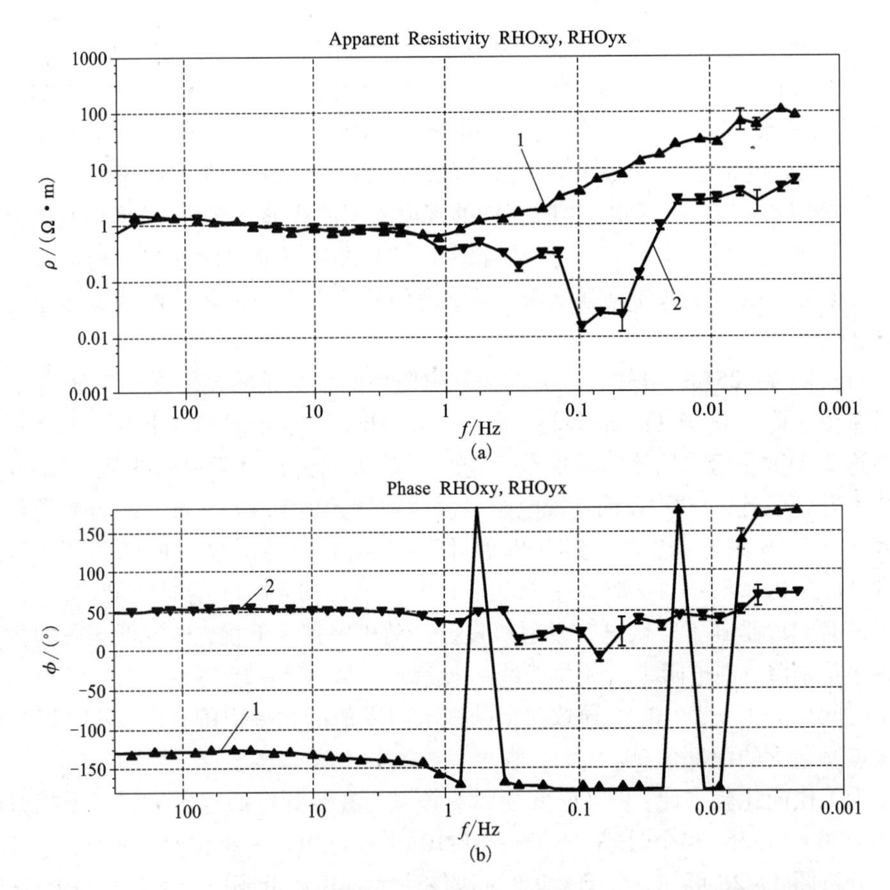

图 4-26(A) 受到广域电磁发射源干扰时间段的视电阻率-相位曲线对比图

(a)受到广域电磁发射源干扰时间段的视电阻率曲线；(b)受到广域电磁发射源干扰时间段相位曲线

1—*yx* 方向；2—*xy* 方向

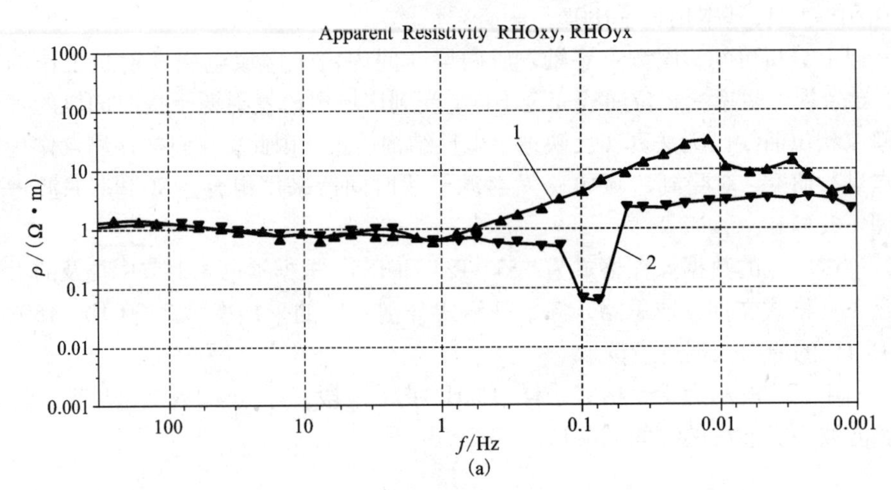

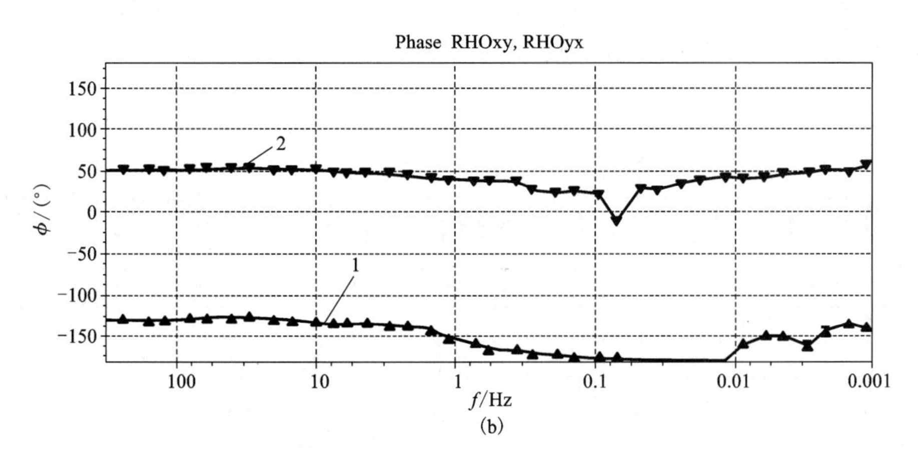

(b)

图 4－26(B)　受到广域电磁发射源干扰全时段的视电阻率－相位曲线对比图

(a)全时段的视电阻率曲线；(b)全时段的相位曲线

1—yx 方向；2—xy 方向

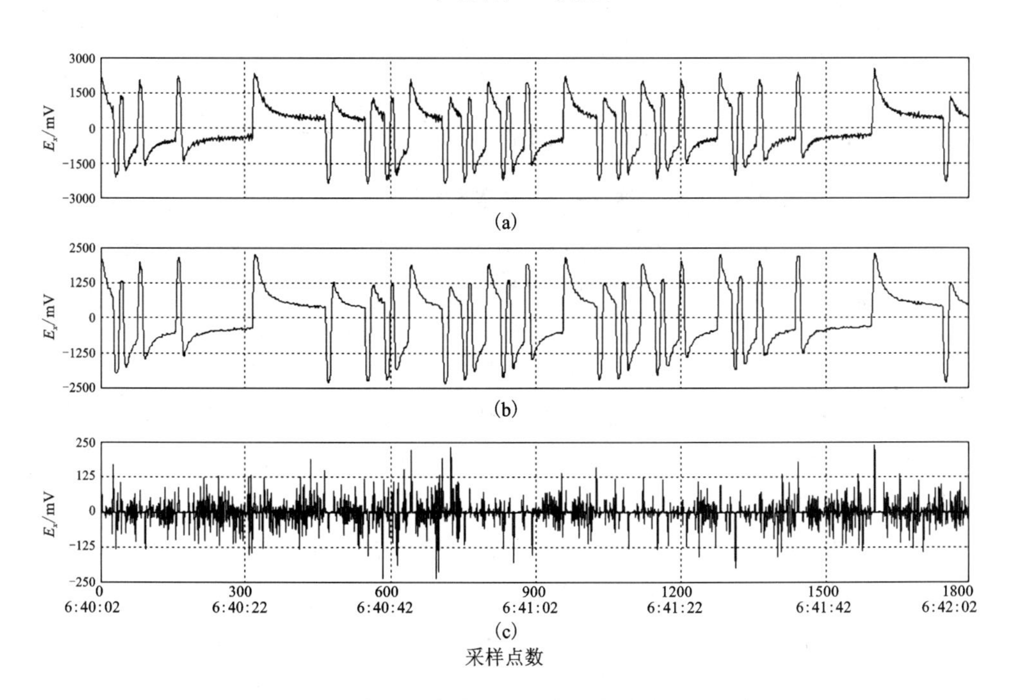

图 4－27　E_x 数据组合广义形态滤波去噪前后时域波形图

(a)受到广域电磁发射源干扰的时间序列；(b)组合广义形态滤波提取出的噪声轮廓曲线；

(c)重构的大地电磁信号

图 4 - 28 所示为 TS5 采样率时，与图 4 - 27 相对应的同一时间段的 H_y 分量数据经组合广义形态滤波去噪前后的时间域波形。

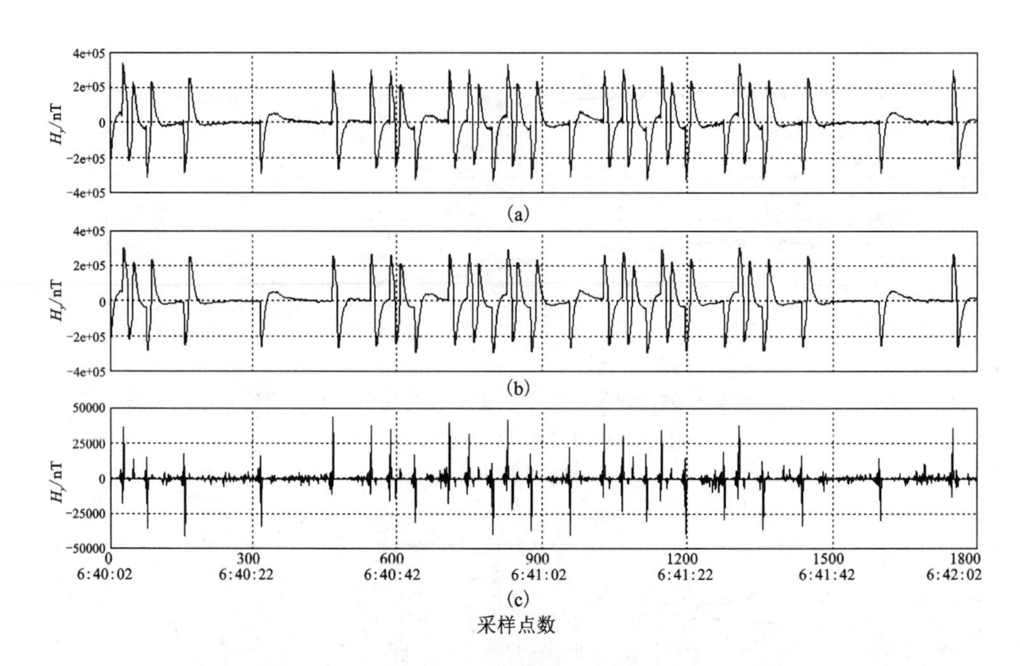

图 4 - 28　H_y 数据组合广义形态滤波去噪前后时域波形图

(a)受到广域电磁发射源干扰的时间序列；(b)组合广义形态滤波提取出的噪声轮廓曲线；(c)重构的大地电磁信号

分析图 4 - 27 和图 4 - 28 可知，由于噪声干扰类型比较单一，E_x 和 H_y 中含大尺度的类方波干扰和类充放电三角波干扰经组合广义形态滤波处理后，较好地提取出了整个含强噪声干扰的轮廓曲线，重构信号基本还原了叠加在大尺度强干扰上非常微弱的大地电磁有用信号。

对该试验点受到广域电磁发射源干扰的时间段 E_x、E_y、H_x、H_y 同时做组合广义形态滤波处理。为了确保获得的大地电磁频率能真实反映该测点深部的电性结构信息，我们将处理后的数据在全时段进行阻抗估算。

图 4 - 29 所示为经组合广义形态滤波处理前后的全时段视电阻率 - 相位曲线对比图。

对比分析图 4 - 29 可知，经组合广义形态滤波处理后，视电阻率 - 相位曲线得到了明显改善。除了 xy 方向的视电阻率 - 相位曲线在 0.001 ~ 0.01 Hz 处有个别频点蹦跳外，其他频段光滑、平稳，与未受到广域电磁发射源干扰时间段的视电阻率－相位曲线的整体形态[图4－25(A)]非常相似，视电阻率值也相对稳定。

为更进一步与未受到广域电磁发射源干扰时间段的视电阻率－相位曲线进行比较，对图4－29(B)中部分飞点进行简单的功率谱筛选。图4－30所示为该测点在未受到广域电磁发射源干扰时间段和经组合广义形态滤波处理后并进行功率谱筛选的全时段视电阻率－相位曲线对比图。

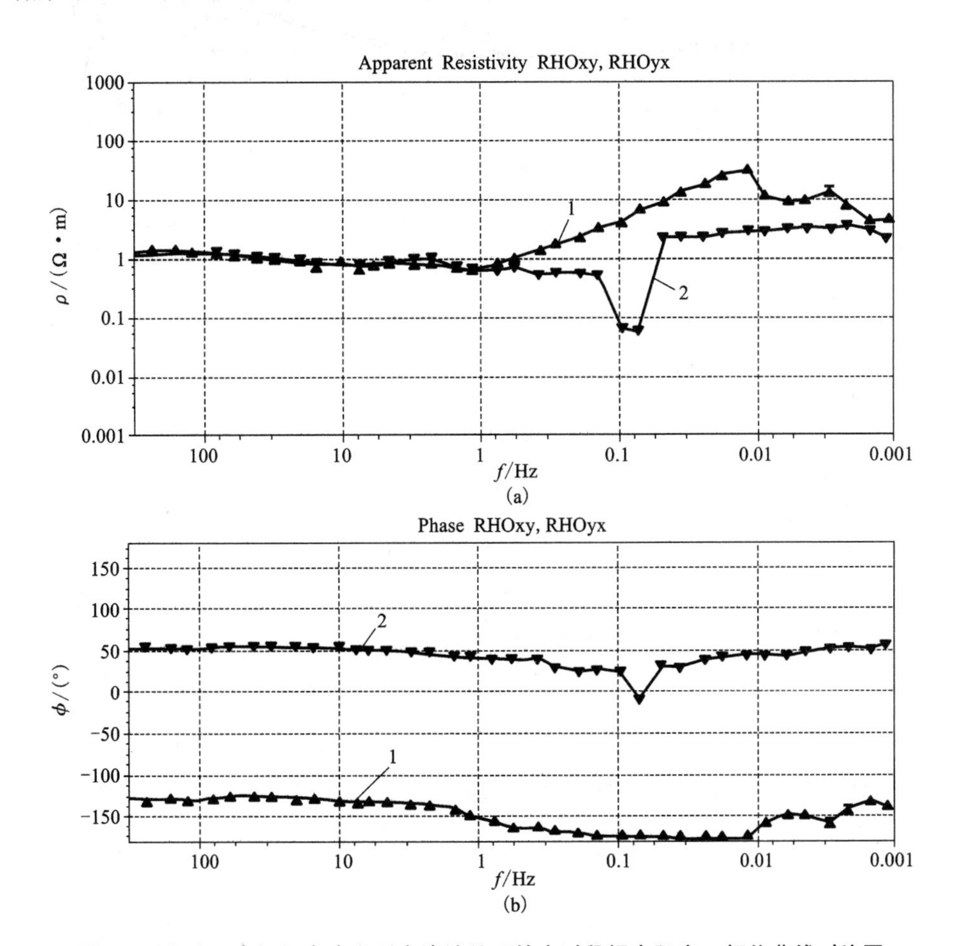

图4－29(A) 未经组合广义形态滤波处理的全时段视电阻率－相位曲线对比图

(a)未经组合广义形态滤波处理的全时段视电阻率曲线；

(b)未经组合广义形态滤波处理的全时段相位曲线

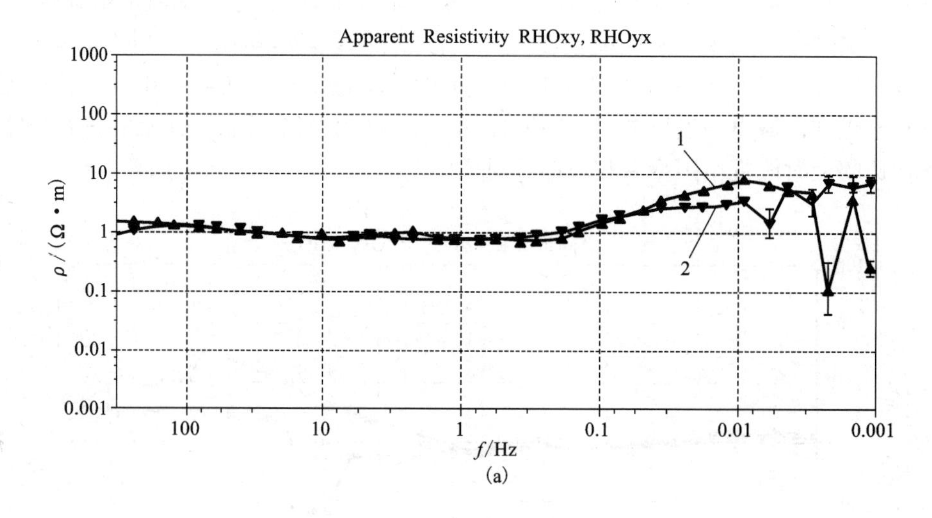

(a)

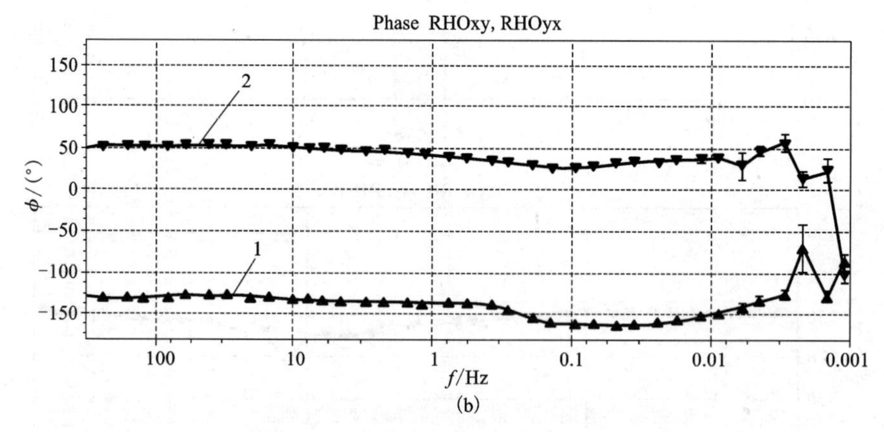

(b)

图4-29(B) 经组合广义形态滤波处理的全时段视电阻率-相位曲线对比图

(a)经组合广义形态滤波处理的视电阻率曲线；(b)经组合广义形态滤波处理的相位曲线

1—*yx*方向；2—*xy*方向

分析图4-30可知，经简单的功率谱筛选后得到的视电阻率-相位曲线光滑、连续，除了最后两个频点外，其整体形态与未受到广域电磁发射源干扰时间段的曲线形态几乎完全一致。众所周知，不受干扰的情况下同一测点在采集时间满足一定的勘探深度时，由不同时间段得到的电性结构应该是相同的。通过上述试验，我们对受到噪声干扰的时间段进行处理，在全时段的整体形态上基本获得了未受到噪声干扰时间段的特征规律，从而证明了该方法的有效性和实用性。

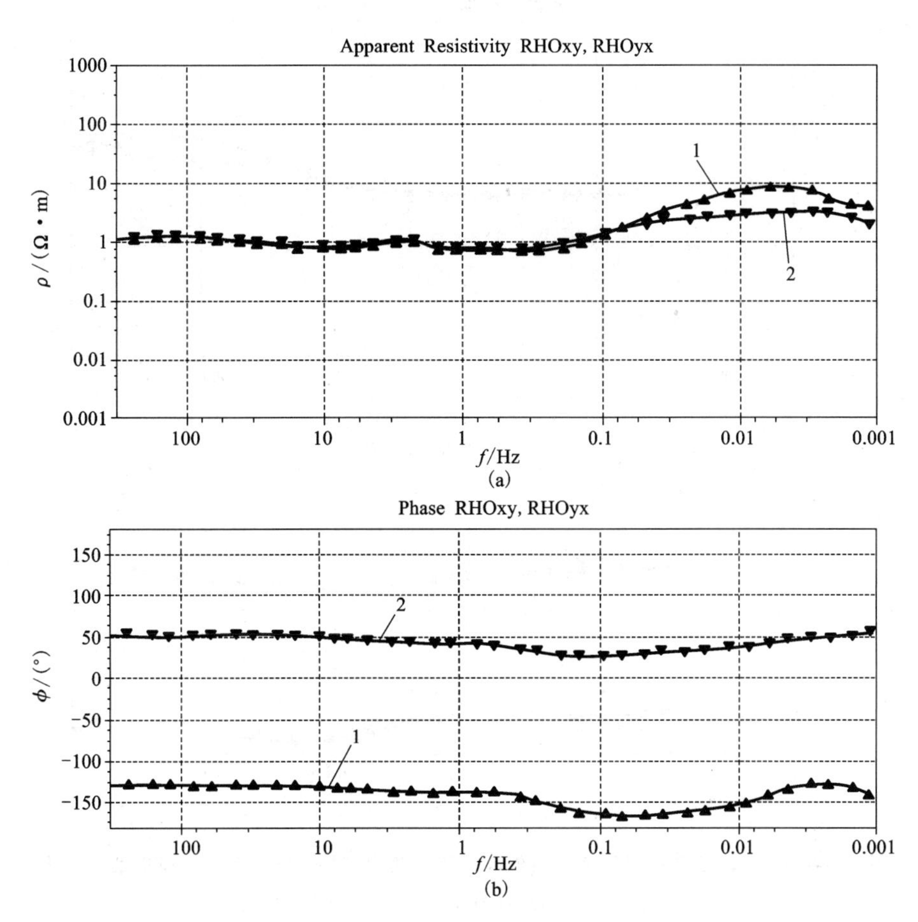

图 4-30(A)　未受到广域电磁发射源干扰时间段的视电阻率-相位曲线对比图

(a)未受到广域电磁发射源干扰时间段的视电阻率曲线；

(b)未受到广域电磁发射源干扰时间段的相位曲线

1—*yx* 方向；2—*xy* 方向

以上试验结果表明：在时间域波形上，组合广义形态滤波可以更加精确地勾勒出大尺度强干扰的轮廓特征。视电阻率-相位曲线的整体形态更加光滑、平稳，与未受到广域电磁发射源干扰时的形态非常相似，除个别频点外无明显跳变，略做功率谱筛选即可基本达到未受人工干扰时的效果。因此，我们得出结论：当测点中所受的噪声干扰类型比较单一时，即噪声干扰源比较单一时，组合广义形态滤波具有较好的噪声抑制能力，受噪声污染的实测点的数据质量可以得到明显改善。

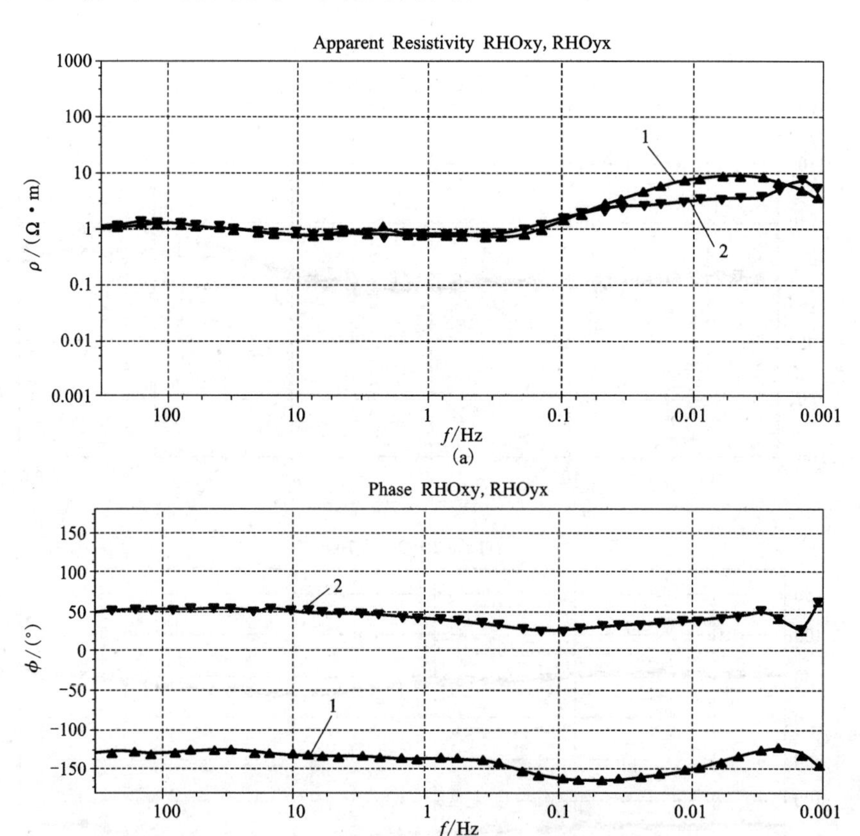

图 4-30(B) 经组合广义形态滤波处理后筛选功率谱的视电阻率-相位曲线对比图

(a)经组合广义形态滤波处理后筛选功率谱的视电阻率曲线;

(b)经组合广义形态滤波处理后筛选功率谱的相位曲线

1—yx 方向; 2—xy 方向

4.5 实际资料分析

上述试验点的实验结果表明,当测点中仅包含比较单一噪声干扰类型时,组合广义形态滤波具有较好的噪声抑制能力。接下来,本节运用该方法研究长江中下游的庐枞矿集区、安庆—景德镇等地包含复杂强干扰类型的实测点数据。

图 4-31 所示为矿集区某测点的大地电磁原始数据在低频采样率时的一段时间域波形。该测点用 V5-2000 采集,数据存储的格式为 TS3、TS4 和 TS5。

分析图 4-31 可知,该测点噪声类型复杂多样。电道 E_x 中出现大尺度漂移型阶跃噪声,且幅值很大;E_y 中包含方波、脉冲等多种干扰类型。磁道 H_x、H_y 中包含大量脉冲干扰并伴随有类周期噪声等干扰类型。

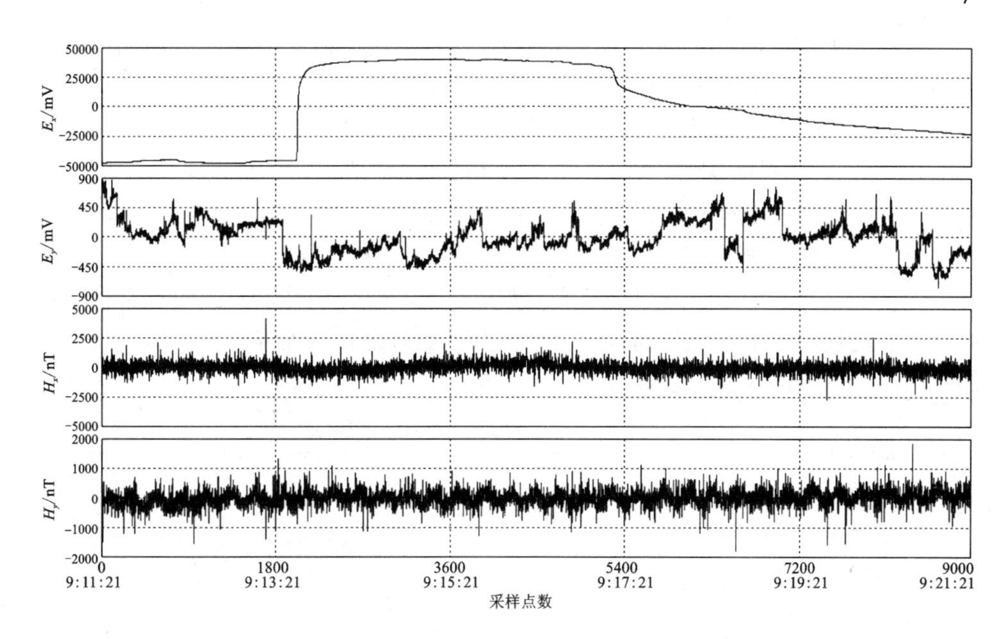

图 4－31　原始数据一段时间域波形

图 4－32 所示为电道 E_x 中经组合广义形态滤波处理后的一段时间域波形。

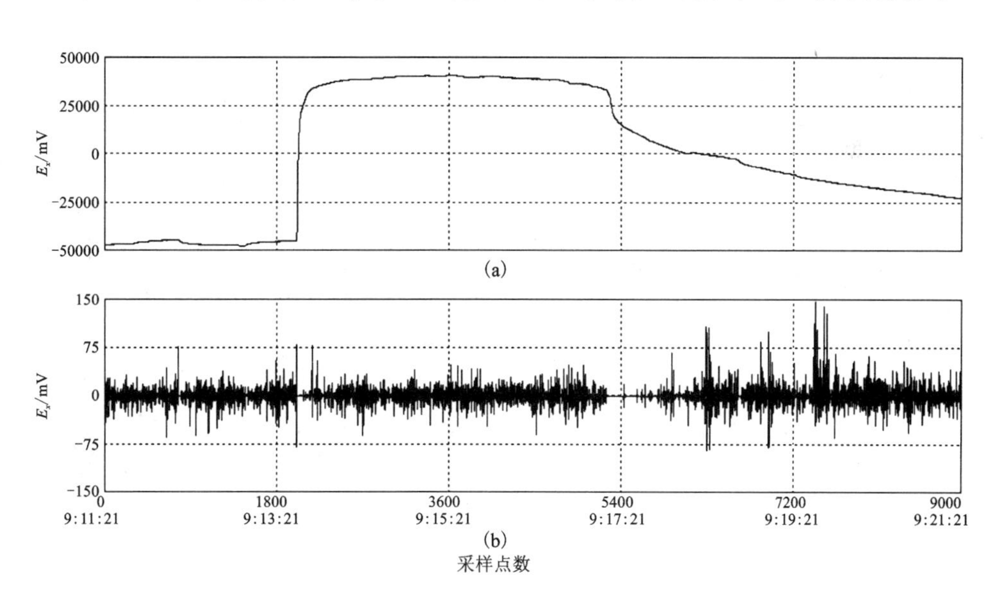

图 4－32　经组合广义形态滤波处理后的一段时间域波形

(a)含强噪声干扰的时间序列；(b)组合广义形态滤波重构的大地电磁信号

分析图 4－32 可知，组合广义形态滤波在时间域可以较好地剔除叠加在微弱大地电磁有用信号上的大尺度、高幅值的漂移型强噪声干扰。

观测该测点中 3 种采样率的时间域波形可知，在 TS5 采样率时，噪声污染尤为明显。因此，本节仅将该测点采样率为 TS5 的 E_x、E_y、H_x、H_y 四道数据同时做组合广义形态滤波处理，然后将重构后的大地电磁信号进行阻抗估算，从而求解视电阻率－相位曲线。

图 4－33 所示为该测点原始数据的视电阻率－相位曲线和经组合广义形态滤波处理后的视电阻率－相位曲线对比图。为了更好地比较滤波效果，图中所对应的视电阻率－相位曲线均已经过功率谱筛选。

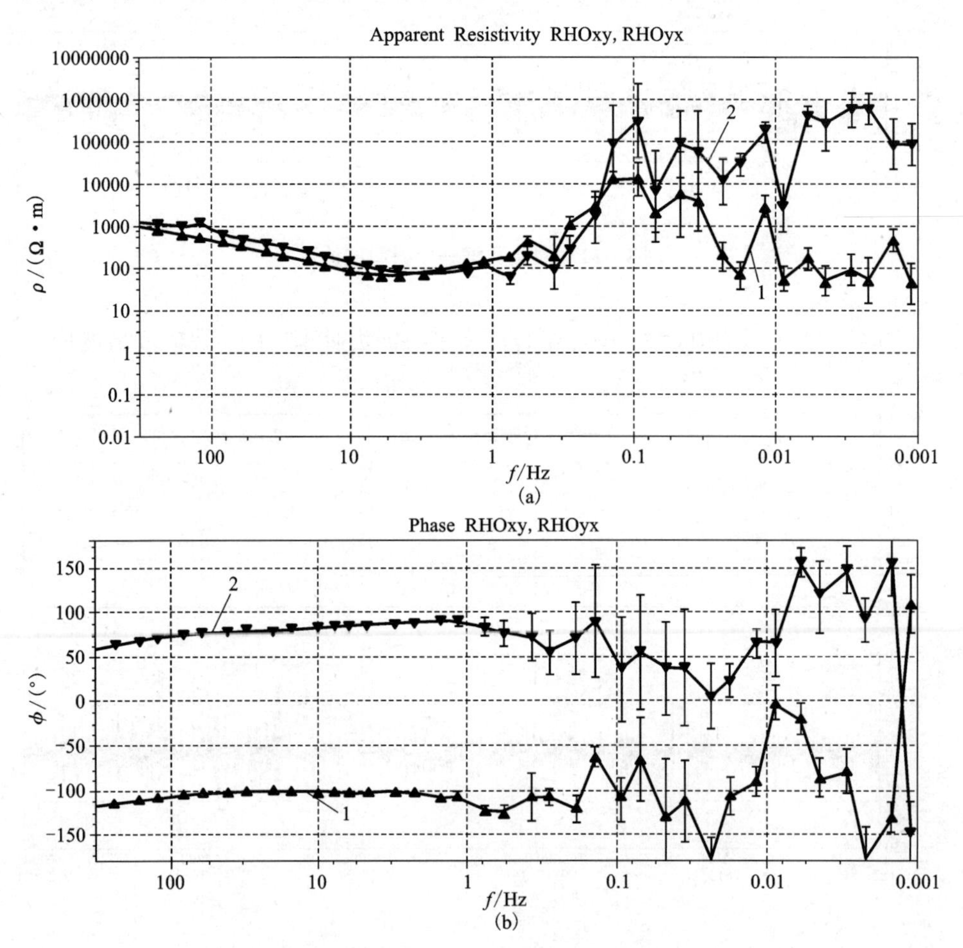

图 4－33(A) 原始数据的视电阻率－相位曲线对比图

(a)原始数据的视电阻率曲线；(b)原始数据的相位曲线

1—yx 方向；2—xy 方向

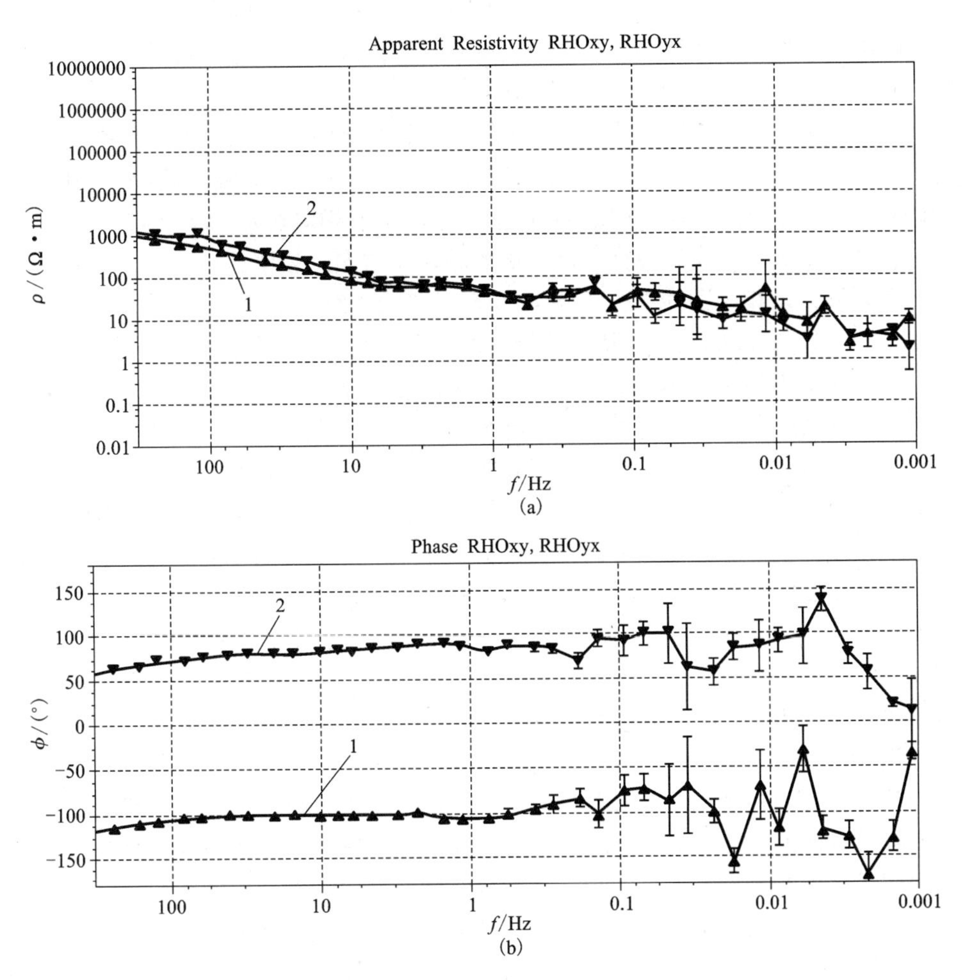

图 4-33(B)　经组合广义形态滤波处理后的视电阻率-相位曲线对比图

(a)经组合广义形态滤波处理的视电阻率曲线；(b)经组合广义形态滤波处理的相位曲线

1—*yx* 方向；2—*xy* 方向

分析图 4-33(A)可知，原始数据视电阻率曲线的整体形态连续性较差。在大于 1 Hz 时，*yx* 方向和 *xy* 方向视电阻率曲线的形态较为平稳，且变化趋势一致。在 0.1~1 Hz 时，视电阻率曲线呈 45°左右渐近线快速上升，在 0.1 Hz 左右时，视电阻率值超过 100000 Ω·m，表现为典型的近源效应。在 0.001~0.1 Hz 时，*yx* 方向和 *xy* 方向的视电阻率曲线出现明显分叉和不同程度的突跳畸变，低频段的误差棒增大。相位曲线在大于 1 Hz 时，曲线形态较为光滑、平稳。在 1 Hz 以下的频段，相位曲线表现为不连续、跳变剧烈，且误差棒增大，有些频点的相位几乎接近 0°和 180°。由于该测区周围主要为矿山、重工业密集，且人烟稠密，导致测点受到严重的低频噪声干扰。结合图4-31所示的时间域波形，可以得出结论：由该测点的原始数据获取的视电阻率-相位曲线已不能客观反映地下介质电性结构。

对比分析图4-33(B)可知，经组合广义形态滤波处理后，视电阻率曲线的整体形态光滑、平稳，连续性大为提高。在0.1~1 Hz处，曲线呈近45°上升的近源趋势已完全消除。在1 Hz以下频段的视电阻率值相对稳定，*yx*方向和*xy*方向的分叉现象消失，且变化趋势一致。整个低频段的误差棒明显减小、突跳频点得到了有效恢复。相位曲线在大于0.1 Hz时，曲线连续、光滑。与原始数据相比，在0.1 Hz以下频段的相位曲线的连续程度也有所改善，且误差棒有所减小。

上述实测点的实验结果表明，组合广义形态滤波可以较好地剔除大尺度强噪声干扰，视电阻率-相位曲线的整体形态和误差棒都得到了明显改善。但是，经组合广义形态滤波处理后，低频段的数据处理效果仍然不够理想。视电阻率曲线在低频段一直呈下降趋势，相位曲线在低频段也不够连续、出现交叉现象，且低频段的误差棒仍然存在。这些现象可能是由于该测点所处的环境面临众多噪声干扰源，导致采集的大地电磁数据中包含各种复杂多样的噪声干扰类型，组合广义形态滤波在剔除这些复杂干扰的同时，也把其中一些有用的大尺度低频信号进行了滤除。因此，如何在形态滤波的基础上最大限度地保留低频有用信息将是本书接下来的研究重点，这些信息的保留将对大地电磁低频段数据质量的改善起到积极作用。

值得注意的是，实际应用中结构元素类型和尺寸的选取对滤波的精度至关重要。针对具体的测点，需结合该测点采集时的具体环境、时域中包含的干扰特征及不同采样率时受噪声干扰的程度来综合考虑及选取结构元素的类型及尺寸。另外，若大尺度噪声干扰的轮廓提取不彻底，可能会损失部分有用信号的细节信息。

4.6 非线性共轭梯度反演效果

非线性共轭梯度法突破了线性迭代反演的框架，直接对非二次的极小化问题求解，其模型序列由一系列沿着计算的搜索方向的线性搜索来确定。该方法利用线性系统的迭加原理以及格林函数的互易关系，通过整体计算雅可比矩阵与一个向量的乘积，极大地减小了计算工作量。

Mackie R L在1993年首次将共轭梯度法应用于大地电磁数据的反演，共轭梯度法以良好的稳定性和内存需求不高的特点，赢得了许多学者的关注[157]。Newman G A在2000年应用非线性共轭梯度法(Nonlinear Conjugate Gradient Method, NLCG)来反演三维大地电磁数据，并运用NLCG三维反演方法在串行机和并行机上反演合成模拟数据，说明其有效性[158]。2001年，Rodi W L和Mackie R L提出采用非线性共轭梯度法对大地电磁数据进行二维反演，取得了明显效果[159]。2006年，胡祖志和胡祥云采用非线性共轭梯度法进行MT拟三维反演，选取共轭梯度反演算法，用一维灵敏度矩阵代替三维灵敏度矩阵，并对非测点的灵敏度元素提出一种近似方法，具有一定的实用价值[160]。

为了说明数学形态滤波对实测大地电磁资料处理的有效性，将庐枞矿集区5条测线中所有强噪声干扰测点采用形态滤波降噪处理，然后对处理后的测点数据生成阻抗文件，最后运用非线性共轭梯度法对滤波前后的数据进行反演，从地质资料解释方面来评价算法的性能。以下给出其中一条测线形态滤波前后的反演效果对比图。

图4－34所示为该测线的原始数据采用非线性共轭梯度法TE模式的反演效果图。

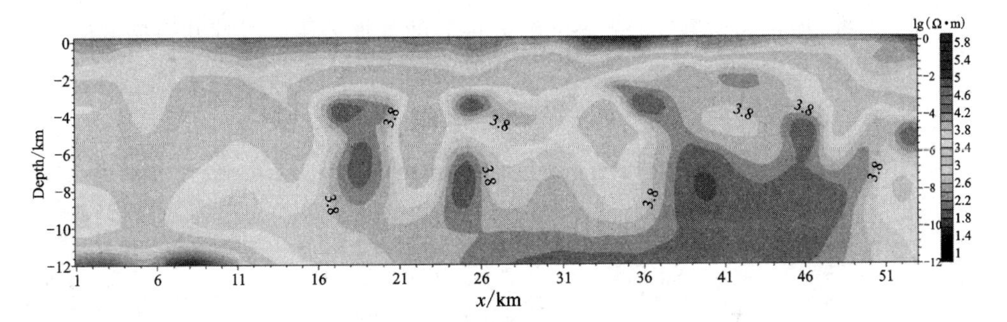

图4－34　原始数据非线性共轭梯度法TE模式反演效果图

图4－35所示为该测线经形态滤波处理后的数据采用非线性共轭梯度法TE模式的反演效果图。

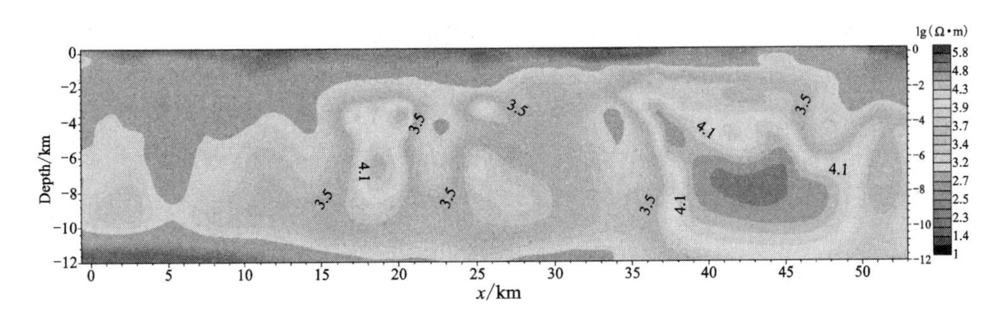

图4－35　形态滤波处理后数据非线性共轭梯度法TE模式反演效果图

图 4 - 36 所示为该测线的原始数据采用非线性共轭梯度法 TM 模式的反演效果图。

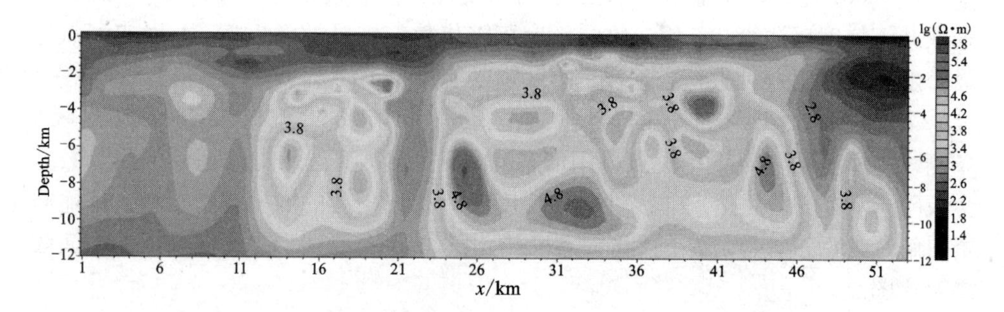

图 4 - 36　原始数据非线性共轭梯度法 TM 模式反演效果图

图 4 - 37 所示为该测线经形态滤波处理后的数据采用非线性共轭梯度法 TM 模式的反演效果图。

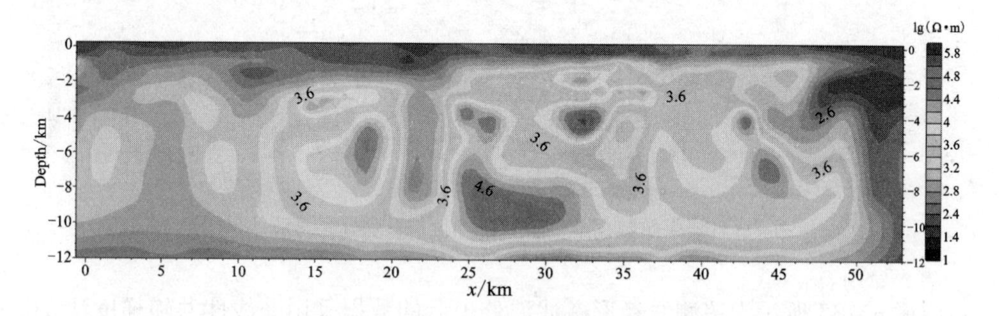

图 4 - 37　形态滤波处理后数据非线性共轭梯度法 TM 模式反演效果图

分析图 4 - 34 至图 4 - 37 可知，形态滤波前后地下介质的基本形态一致。形态滤波前由于个别测点受到强噪声干扰导致局部极值产生假高阻异常，从而影响周围测点的反演结果。形态滤波后尖锐轮廓变得光滑，较大程度上消除了强干扰，从而使假高阻异常体减少，反演结果更加真实合理。显然，经形态滤波处理后数据质量得到了明显改善。

4.7　本章小结

本章首先介绍了 V5 - 2000 大地电磁测深系统的数据采集格式，实现了原始时间序列的读取及还原，从时间域波形上分析了传统形态滤波的信噪分离效果。

然后，阐述了广义形态滤波的定义及组合广义形态滤波器的构建，讨论了广义形态滤波器在消除统计偏倚现象上的优势。接着，在青海柴达木盆地进行了相关试验研究，选取广域电磁发射机发射的伪随机序列作为大地电磁数据采集时的人工干扰源，对具有一定代表性的试验点进行组合广义形态滤波处理，从时间域波形和卡尼亚电阻率－相位测深曲线考查了数据质量的改善情况。最后，选取包含复杂噪声干扰类型的实测点进行讨论，综合评价组合广义形态滤波的去噪性能。本章主要研究成果如下：

(1)剖析了 V5－2000 大地电磁测深系统的数据采集格式，在 VC 环境下编程实现了原始时间序列的读取及还原工作，为后续大地电磁数据资料的处理提供了有力的保障。

(2)对实测大地电磁数据分别采用不同类型和同一类型不同尺寸的结构元素进行传统形态滤波处理，仿真实验表明：选择合适的结构元素的类型及尺寸能较好地获取叠加在大地电磁有用信号上的噪声轮廓，重构后的信号基本还原了大地电磁有用信号的原始特征，消除了由噪声干扰引起的突跳波形，保留了目标信号中丰富的细节成分。

(3)由不同结构元素构建的广义形态滤波器其输出统计偏倚明显小于传统形态滤波器，有效抑制了峰值和谷底的干扰信号，较好地保持了信号的几何结构特征，滤波性能得到了较好的改善。

(4)由正、负结构元素构建的组合广义形态滤波器，在时间域可以更加精确地勾勒出大尺度强噪声干扰的轮廓曲线，在曲率最大处也能较好地保留大地电磁有用信号的细节成分，近似还原了微弱的未受噪声干扰的大地电磁有用信号。

(5)对试验点进行组合广义形态滤波的实验结果表明：组合广义形态滤波对包含比较单一的强噪声干扰类型的测点具有较好的噪声抑制能力。经组合广义形态滤波处理后，受到广域电磁发射源干扰的时间段波形中基本剔除了大尺度干扰和基线漂移。视电阻率曲线光滑、连续，与未受到广域电磁发射源干扰时间段的曲线形态非常相似，只需稍做功率谱筛选即可基本达到未受到干扰时的效果。

(6)对矿集区包含复杂噪声干扰类型的实测点进行组合广义形态滤波的实验结果表明：经组合广义形态滤波处理后，卡尼亚电阻率－相位测深曲线更加光滑、平稳，误差棒减小，整体连续性大为提高。低频段 xy 方向和 yx 方向的视电阻率曲线的分叉现象完全消失，中频段的近源干扰得到了有效抑制，且视电阻率值相对稳定，数据的整体质量较原始数据有明显改善。

(7)经组合广义形态滤波处理后，低频段的效果仍然不够理想。视电阻率曲线在低频段一直呈下降趋势，相位曲线在低频段也不够连续、误差棒仍然存在。究其原因可能是由于该测点包含复杂多样的噪声干扰类型，组合广义形态滤波在去除强噪声干扰的同时，也把低频有用的缓变化信息进行了剔除，导致重构后的大地电磁信号中损失了该测点本身所固有的含深部构造信息的大尺度低频成分。因此，在利用形态滤波去除大尺度强噪声干扰的同时，如何尽可能地保留含低频的缓变化信息，以及提高低频段的数据质量是接下来的研究重点。

(8)采用非线性共轭梯度法考查形态滤波对提高大地电磁测深数据的改善情况，对重构后的大地电磁信号进行非线性共轭梯度反演结果表明，形态滤波能较大改善矿集区大地电磁测深数据品质，反演结果更加真实合理，对电磁法探测结果的处理和反演解释具有重要意义。

第 5 章　基于多尺度形态滤波的大地电磁信噪分离

众所周知，人的感知是一个由粗到精的分层次处理过程。首先获取大范围的轮廓进行粗略判断，然后捕捉相关细节使得分析过程越来越精细，最后精确理解感知对象。客观世界都具有多层次特性，仅仅在某一固定的模式下分析信号，根本就不能表现出信号本身所固有的多尺度、多分辨特征，同时也限制了分析结果的准确性[161, 162]。数学形态学的本质是基于“试探”的概念，通过选取与待处理信号相匹配的结构元素，像“探针”一样去探测信号，以考察目标信号的结构特点及信号各部分之间的关联。数学形态学中，结构元素对信号特征提取起到关键作用。一般而言，一个给定参数的结构元素仅与某一类典型的待处理信号达到最优匹配效果。因此，当待处理信号中包含复杂成分时，传统形态滤波显然不能达到预期效果。另外，迄今为止，在矿集区采集的实测大地电磁场时间序列中，暂时无法确定哪些是“纯净”的大地电磁信号，仅通过剔除那些确定不是大地电磁信号的异常波形来抑制噪声，而且对于大地电磁强干扰分离的效果也不能客观评价。因此，本章在传统形态滤波的基础上，结合多尺度运算，构建加权多尺度形态滤波器对大地电磁强干扰进行全方位扫描，试图分层次刻画更为精细的高分辨的大地电磁形态特征信息；同时，引入数学形态谱和非线性动力学行为中的递归图等方法对大地电磁信噪分离及典型强干扰进行定性辨识，为后续建立一套适合于矿集区的大地电磁信噪分离和信噪辨识评价体系提供技术支持。

5.1　多尺度形态学

5.1.1　多尺度形态学基本原理

多尺度形态学融合了多尺度运算和数学形态学的概念，即在传统形态滤波结构元素特征参数选取的基础上引入了结构元素“尺度”这个特性，相当于用不同的尺子来度量同一目标。通过对信号的形态进行多尺度刻画，从而达到对待处理信号的几何特征进行不断局部匹配及不断修正的目的[163~165]。多尺度形态滤波与传统形态滤波的区别在于结构元素的尺度可以任意变化。

多尺度形态学定义为采用不同尺度的结构元素对信号的形态学变换，假设 T

为形态学变换，X 为信号，则基于 T 的多尺度形态学变换即为一簇形态学变换$\{T_s \mid s>0,\ s\in\mathbf{Z}\}$。

式中，T_s 定义为：

$$T_s(X)=sT(X/s) \quad s>0 \tag{5-1}$$

以一维离散信号为例，多尺度形态学的数学描述如下：

设输入信号$f(n)$为定义在 $F=\{0,1,\cdots,N-1\}$上的离散函数，结构元素$g(n)$为定义在 $G=\{0,1,\cdots,M-1\}$上的离散函数，且$N\gg M$，则$f(n)$关于$g(n)$的多尺度形态腐蚀和膨胀运算分别定义为：

$$(f\Theta g)_s(n)=s(f/s\Theta g)(n)=f\Theta sg(n) \quad n=0,1,2,\cdots,N-1 \tag{5-2}$$

$$(f\oplus g)_s(n)=s(f/s\oplus g)(n)=f\oplus sg(n) \quad n=0,1,2,\cdots,N-1 \tag{5-3}$$

式中，sg 表示 s 尺度下的结构元素，即 g 经过 $s-1$ 次自身膨胀后得到 sg：

$$sg=\underbrace{g\oplus g\oplus\cdots\oplus g}_{s-1} \tag{5-4}$$

将多尺度形态腐蚀和膨胀级联可以得到多尺度形态开、闭运算，从而组成最基本的多尺度形态滤波器。$f(n)$关于$g(n)$的多尺度形态开、闭运算分别定义为：

$$(f\circ g)_s(n)=f\underbrace{\Theta g\Theta g\Theta\cdots\Theta g}_{s}\underbrace{\oplus g\oplus g\oplus\cdots\oplus g}_{s} \quad n=0,1,2,\cdots,N-1 \tag{5-5}$$

$$(f\cdot g)_s(n)=f\underbrace{\oplus g\oplus g\oplus\cdots\oplus g}_{s}\underbrace{\Theta g\Theta g\Theta\cdots\Theta g}_{s} \quad n=0,1,2,\cdots,N-1 \tag{5-6}$$

通过将多尺度形态开、闭运算级联，定义了多尺度形态开－闭(M_{OC})和多尺度闭－开(M_{CO})滤波器：

$$M_{OC}(f)_s(n)=((f\circ g)_s\cdot g)_s \quad n=0,1,2,\cdots,N-1 \tag{5-7}$$

$$M_{CO}(f)_s(n)=((f\cdot g)_s\circ g)_s \quad n=0,1,2,\cdots,N-1 \tag{5-8}$$

5.1.2 加权多尺度形态滤波器构建

为了弥补传统形态滤波在保留信号细节信息和提取轮廓特征上的不足，考虑到小尺寸的结构元素去噪能力弱，但能保留较好的信号细节；大尺寸的结构元素去噪能力强，但会模糊信号的边界。不同尺度的结构元素对不同形状的信号具有不同的适应性，若能将各尺度下得到的信号特征有效结合，有望获得比单一固定尺度结构元素更为理想的形态特征。为此，结合上述多尺度形态学的思路，构建一种加权多尺度形态滤波器如下所示：

假设结构元素的尺度范围为 $S_k=\{S_1, S_2, \cdots, S_K\}$，可得到 k 个有效尺度下的各阶信号：

$$(f)_{sk}g(n)=\frac{1}{2}[M_{CO}(f)_{sk}(n)+M_{OC}(f)_{sk}(n)] \quad n=0, 1, 2, \cdots, N-1 \tag{5-9}$$

运用多尺度加权合成得到最终的处理信号：

$$(f)_{sk}g(n) = \sum_{k=1}^{K}\omega_k \cdot (f)_{sk}g(n) \tag{5-10}$$

式中，ω_k 表示各尺度信号的权重因子。考虑到各种尺度抗噪性能不同，若将大尺度的权重取的大些，小尺度的权重取的小一些则可获得较为理想的效果。同时，由于标准差表示数据平均值的分散程度，标准差越小代表数值越接近于平均值。因此，权重因子 ω_k 的定义如下：

$$\omega_k = \frac{\delta_k}{\sum_{k=1}^{K}\delta_k} \quad k = 1, 2, \cdots, K \tag{5-11}$$

式中，δ_k 表示不同尺度下形态滤波差值的标准差。

加权多尺度形态滤波的基本思想就是在提取信号几何形态的同时，利用不同尺度的结构元素对待处理信号进行全方位扫描，从而获取更为精细的形态特征信息。

5.2　数学形态谱

5.2.1　数学形态谱定义

数学形态谱也称为形态形状量值直方图，是信号分析中形状表示的定量描述；它由形态量值分布曲线导出，定义为形态学颗粒分析基础上的一种反映颗粒尺度分布的曲线[166]。形态谱提供了目标形状在不同尺度结构元素形态变换下的形状变化信息，不同形状特征的信号，其形态谱特征也不同。

设 $f(x)$ 为一非负函数，$g(x)$ 为一凸的结构函数，则 $f(x)$ 关于 $g(x)$ 的形态谱定义为：

$$PS_{f+}(s, g) = \frac{-\mathrm{d}A(f \circ sg)}{\mathrm{d}s} \quad s>0 \tag{5-12}$$

$$PS_{f-}(-s, g) = \frac{\mathrm{d}A(f \cdot sg)}{\mathrm{d}s} \quad s>0 \tag{5-13}$$

式中，$A(f) = \int f(x)\mathrm{d}x$ 表示 $f(x)$ 在定义域内的有限面积；$s>0$ 时，

$PS_{f+}(s, g)$为开运算形态谱，$s<0$ 时，$PS_{f-}(s, g)$为闭运算形态谱。

对于一维离散信号，形态尺度的变化仅取连续的整数值，形态谱可简化为以下形式[167]：

$$PS_{f+}(s, g) = A[f \circ sg - f \circ (s+1)g] \quad 0 \leqslant s \leqslant N \quad s>0 \tag{5-14}$$

$$PS_{f-}(s, g) = A[f \cdot sg - f \cdot (s-1)g] \quad 0 \leqslant s \leqslant N \quad s>0 \tag{5-15}$$

式中，$A(f) = \sum_{n} f(n)$。根据形态闭运算的扩展性和形态开运算的非扩展性，形态谱值为一组非负实数值。

5.2.2 大地电磁信号和典型强干扰的数学形态谱

图 5－1 所示为一组大地电磁信号与典型强干扰的时域波形图。其中，几乎无干扰的大地电磁信号来源于人烟稀少、基本无电磁干扰的青海省柴达木盆地采集到的大地电磁数据；含有典型噪声类型的类方波干扰、类充放电三角波干扰和类脉冲干扰是从矿集区海量实测大地电磁数据中获取的。

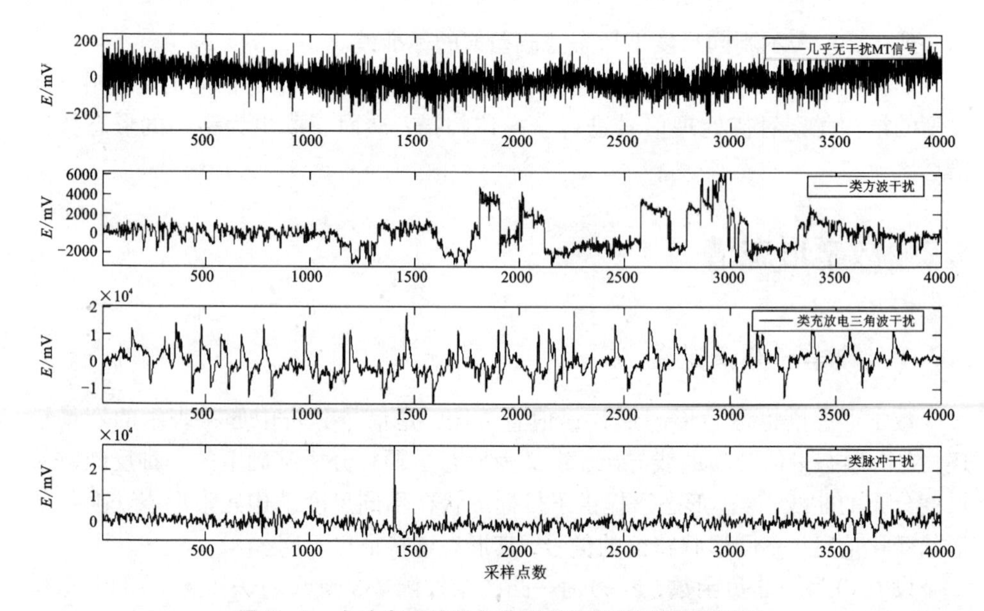

图 5－1 大地电磁信号与典型强干扰的时域波形图

分析图 5－1 的时域波形可知，矿集区大地电磁典型强干扰的能量幅值远高于在青海省柴达木盆地采集到的几乎无电磁干扰的大地电磁数据，且采集到的时域波形中出现大量类似于方波、充放电三角波和脉冲的干扰波形，严重地影响了正常的大地电磁观测数据。

为了验证数学形态谱在辨识典型强干扰类型特征上的优势，图 5－2 给出了分别采用形态膨胀、形态腐蚀、形态开和形态闭变换的数学形态谱分布情况。分析图 5－2 可知，由于天然大地电磁信号随机分布，几乎无干扰的大地电磁信号四种形态谱曲线在不同的结构元素尺度上的变化均非常平稳，其他三种典型强干扰的形态谱在不同尺度上的表现异常明显。因此，形态谱曲线反映的是不同变化尺度上信号形状变化的规律。对比分析四种形态谱曲线可知，形态膨胀和形态腐蚀运算获得的形态谱曲线层次分明，能较好地辨识不同信号成分的特征分布；形态开和形态闭运算获得的形态谱曲线变化紊乱，尤其是在类充放电三角波和类脉冲强干扰下，曲线突跳剧烈，难以辨识不同的噪声干扰类型。

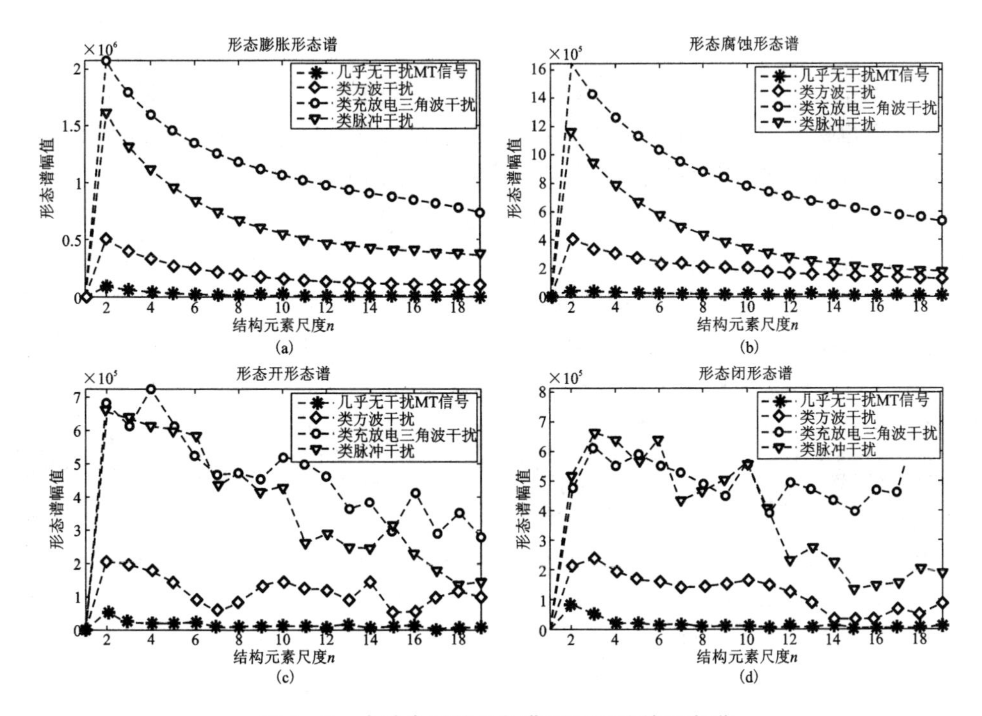

图 5－2　大地电磁信号与典型强干扰的形态谱

(a)形态膨胀；(b)形态腐蚀；(c)形态开；(d)形态闭

5.3　递归图

5.3.1　递归图基本原理

递归图(recurrence plot，RP)是一种非线性动力学分析方法，主要用于分析时间序列的周期性、非平稳性和混沌性[168]。它以相空间重构为基础，揭示时间序列的内部结构，反映恢复后的混沌吸引子所具有的某种规律，并得到相似性、信息量和预测性的相关先验知识；不同性质的信号其轨迹状态的特征不一样，表现在递归图的结构上也不相同[169, 170]。

对于一个 N 点的时间序列 $y(i)$ 重构 m 维相空间，得到时间序列暗含的动力学系统 Y_i 如下：

$$Y_i=(y(i),\ y(i+\tau),\ \cdots,\ y(i+(m-1)\tau)) \tag{5-16}$$

式中，τ 表示时间延迟，m 表示嵌入维数。

在相空间重构的基础上，计算递归值：

$$R_{ij}=\Theta(\varepsilon-\|Y_i-Y_j\|) \tag{5-17}$$

$$\Theta(x)=\begin{cases}0 & x\leqslant 0\\ 1 & x>0\end{cases} \tag{5-18}$$

式中，$\Theta(x)$表示 Heaviside 函数，R_{ij}表示递归值；$\|\ \|$ 表示 Euclidean 范数，用来计算重构相空间中所有行向量 Y_i 与列向量 Y_j 之间的欧式距离；ε 表示邻域半径，其大小选取范围一般在待处理信号标准差的 15% 以内。

通过上述步骤即把一维时间序列重构成了 m 维的相空间轨迹，从动力学系统上实现了在高维空间恢复吸引子。当两个相点之间的距离小于某一选取的领域半径 ε 时，则代表这两点之间的距离是递归的，用一个黑点($R_{ij}=1$)来表示；否则就是不递归的，用一个白点($R_{ij}=0$)或空格来表示。其中，黑点(递归点)表示逼近，白点(空格)表示远离。这些沿着几何空间轨迹移动的每一个递归点都对应系统的一个状态，通过对这些黑、白点的分布情况进行分析研究，可以在拓扑等价意义下获得原系统的动力学特性，并得到描述非线性时间序列内部动力学机理的矩阵图——递归图。因此，递归图是状态空间内轨道 i 时刻的状态关于 j 时刻的递归现象，其本质是一种时－时信号处理方法，它通过黑、白相间的点来描绘二维图形，从而观测多维动力学系统的内部机理。该方法可以定性地反映一维时间序列的轨迹特征和递归特性，并测定动力学系统中时间序列的平稳性和内在相关性。

5.3.2 仿真信号分析

作为国内外大地电磁学者广泛使用的 EMTF 开源代码包是由 Egbert GD 编写，主要是针对大地电磁时间序列进行阻抗估计及远参考分析的开源代码[171]。EMTF 代码由 3 个模块组成，分别为数据格式转换模块(RFASC)、时频转换模块(DNFF)和阻抗估算模块(TRANMT)。其中，RFASC 模块主要用于将不同格式的电磁数据转换成 DNFF 可识别的 ASCII 码格式(二进制)；DNFF 模块采用级联采样与标准傅氏变换混合的方案，实现大地电磁数据时频转换；TRANMT 模块则采用 Robust 估计，将傅立叶系数转换成视电阻率和相位特征。为了将 EMTF 开源代码提供的 100 Ω · m 均匀半空间的时间序列视为理论信号进行研究，首先在

Windows 环境下重编译了 EMTF 开源代码包，然后与 SSMT 进行了阻抗估算的分析对比，取得了较为满意的效果[172]。考虑到大地电磁噪声类型极为复杂，仿真试验仅选用矿集区中普遍存在的方波干扰进行讨论。这种方式为后续实测数据处理奠定了基础，同时也避免了仪器差异、布极方式、标定文件及天然场变化等带来的不确定因素，能够获得比较理想的效果。

本节所使用的仿真方波如图 5-3 所示，通过设置仿真方波的幅值、宽度、间距这三个参数，将其添加在时间序列的电道中，从而研究仿真方波干扰的去噪性能。

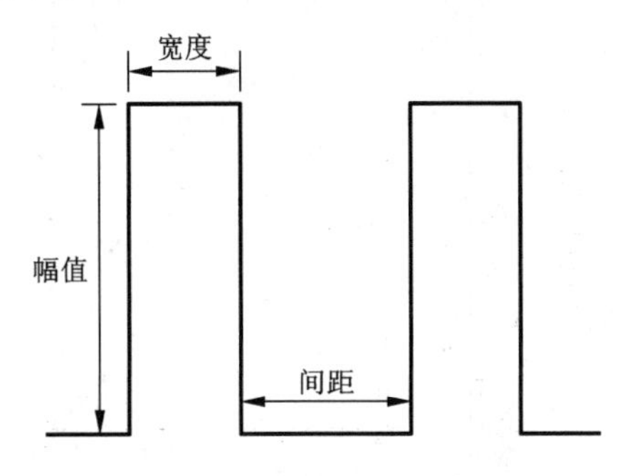

图 5-3　仿真方波示意图

图 5-4 所示为 EMTF 中理论电道信号 E_x 时间片段，以及添加幅值百分比为 200%、宽度为 500、间距为 800 的仿真方波信号。从图 5-4 可知，当理论信号中添加仿真方波干扰后，理论信号几乎被大尺度、强能量的方波噪声所湮没，仿真试验信号中的主要波形特征表现为方波干扰。为了区分，本节将图 5-4 所示的 E_x 添加仿真方波信号作为测试信号。

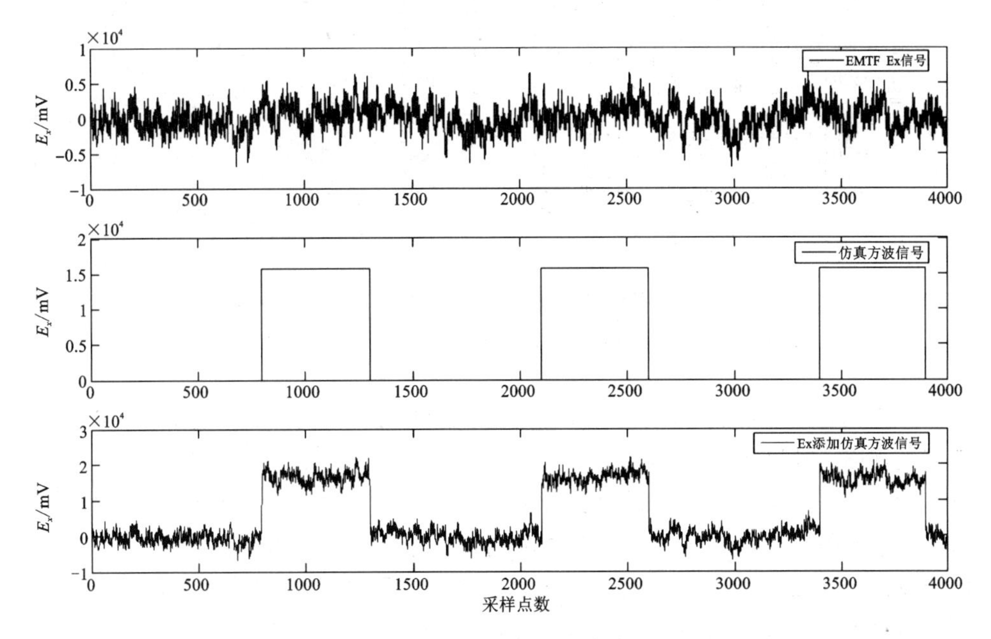

图 5-4　E_x(EMTF)添加仿真方波

接下来，本节从递归图的角度来定性辨识上述方法对大地电磁信噪分离的去噪效果。图5-5所示分别为理论信号、测试信号、传统形态滤波和加权多尺度形态滤波处理后的递归图。

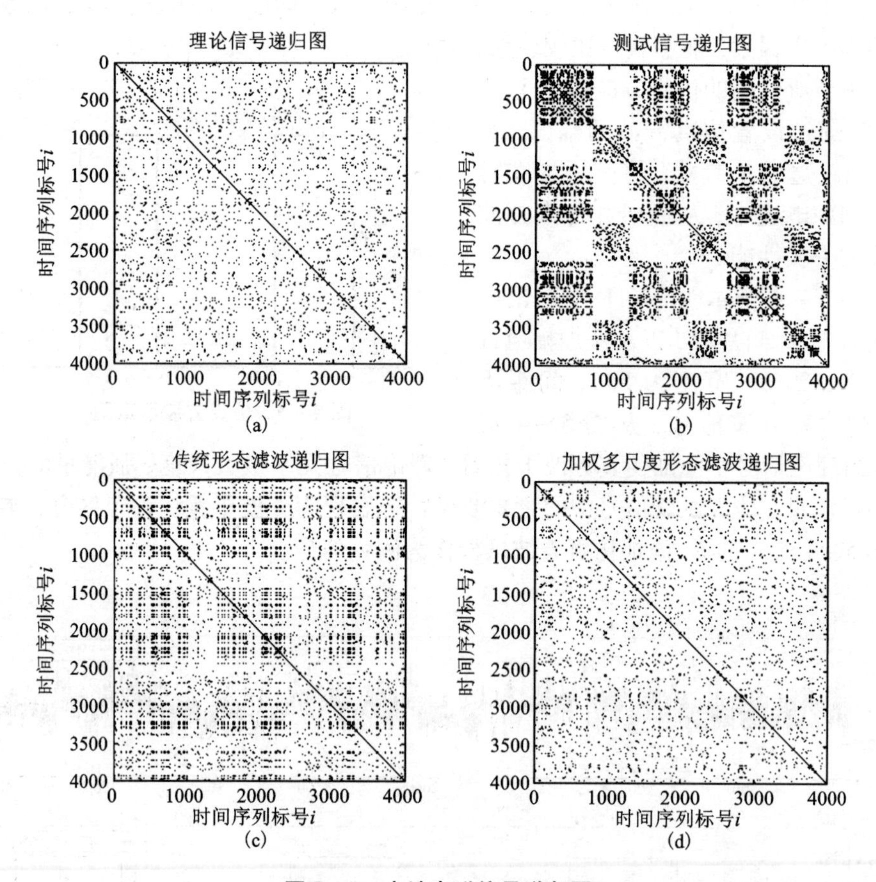

图5-5 大地电磁信号递归图

(a)理论信号；(b)测试信号；(c)传统形态滤波；(d)加权多尺度形态滤波

分析图5-5可知，理论信号反映在递归图中的黑、白点均匀分布，递归图几乎毫无规律，时间序列变得无法预测，符合天然大地电磁信号是随机分布的特征。测试信号中由于人为地添加了强噪声干扰，黑点和白点呈现出很有规则的图形，并分布在与主对角线平行的直线两侧；从递归图的动力学机理可以解释为，该测试信号所处环境包含的确定性和可预测性比随机系统中的随机序列明显强烈。传统形态滤波递归图中，虽然黑、白点的分布有所分散，但从一些与对角线平行的小的带中可以发现，其轨迹的变化趋势具有一定的类周期性，说明去噪并不充分，导致滤波信号中仍含有方波噪声的特性，从而呈现出一定的规则图案。

与理论信号的递归图对比观测加权多尺度形态滤波的递归图可知，黑、白点的分布均匀、趋近随机状态，递归图中没有呈现规则的图案，这在一定程度上可以说明滤波后的信号其变化趋势已逐步逼近于理论信号的原始特征。通过对递归图的分析可知，递归图可以用来对大地电磁时间序列确定性成分的存在和周期性成分的嵌入进行描述，从动力学角度揭示了信号相空间轨迹的运行方式，并能清晰直观地反映大地电磁信号的动力学特征；该方法适合于定性判断大地电磁信号和噪声，从而获得系统的全局相关信息、达到检验大地电磁信噪分离效果的目的。

5.4　实际资料分析

5.4.1　多尺度形态滤波性能分析

为了探讨结构元素尺度的滤波效果，我们对图 5 -4 中的测试信号进行加权多尺度形态学的仿真试验，通过对比分析去噪前后的曲线相似度和信噪比来综合评价结构元素尺度的去噪性能。

曲线相似性特征参数 NCC 是从曲线的整体趋势上来分析研究去噪前后的曲线相似程度，定义如下：

$$NCC = \frac{\sum_{n=1}^{N} s(n) \cdot \gamma(n)}{\sqrt{\sum_{n=1}^{N} (s(n))^2 \cdot \sum_{n=1}^{N} (\gamma(n))^2}} \tag{5-19}$$

式中，N 表示数据总长度，$s(n)$ 表示原始信号，$\gamma(n)$ 表示去噪后差值信号。由此可知，特征参数 NCC 用来表示两信号的相似程度，当 NCC 值为 -1 时，表示变换前后信号波形反向；当 NCC 值为 0 时，表示两信号波形正交；当 NCC 值为 1 时，则表示两信号波形完全相同。

由于干扰类型单一，选用不同类型的结构元素其形态滤波效果并不灵敏。为此，试验均采用单位结构元素($g = \{1, 1, 1\}$)进行研究。

图 5 -6 所示为多尺度结构元素曲线相似度和信噪比的仿真效果图。

分析图 5 -6 可知，随着结构元素尺度的增加，曲线相似度缓慢增加并近乎平稳，直到尺度为 100 时，曲线相似度达到最大值后急剧下降，之后随着尺度的增加相似度逐级下降；信噪比曲线的变化趋势与曲线相似度类似，在尺度为 100 时，信噪比也出现台阶式下降。因此，结构元素的尺度并不是越大越好，当尺度选取过大时将导致提取的波形失真，曲线相似度和信噪比都会随之降低。分析仿真试验可知，结构元素最大尺度的选取不宜超过噪声宽度的 0.2 倍左右，这为加权多

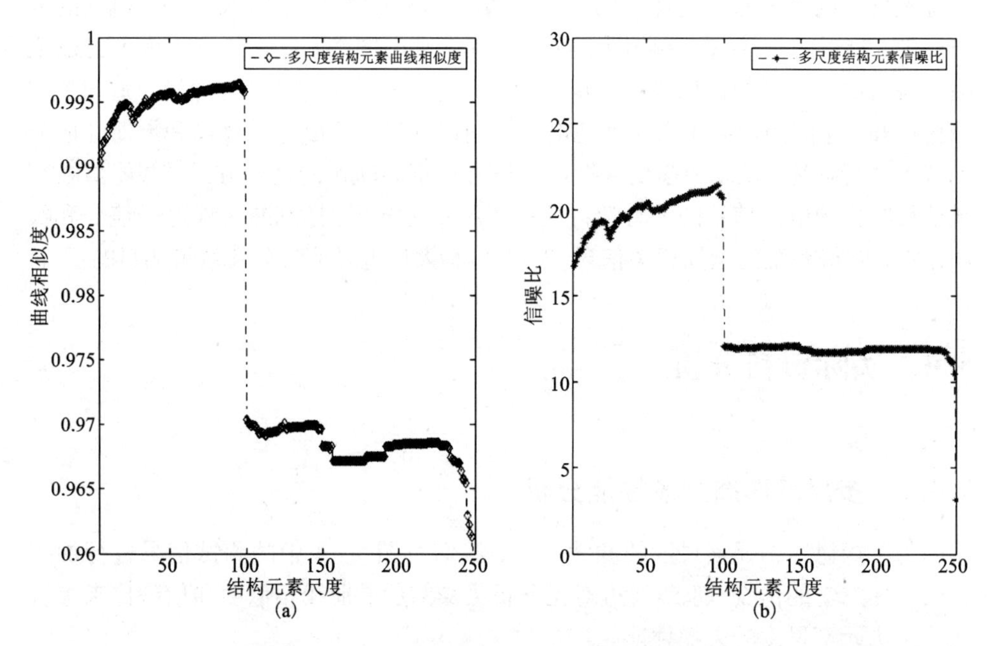

图 5-6 多尺度结构元素曲线相似度和信噪比

(a)曲线相似度；(b)信噪比

尺度形态滤波中有效尺度范围的选取提供了一定的依据。

图 5-7 所示为测试信号经传统形态滤波、多尺度形态滤波和加权多尺度形态滤波的仿真效果图。

图 5-7 中分别给出了尺度为 5、15、25、35 和 105 的仿真波形，加权多尺度形态滤波采用了尺度为 3、13、24、35、46、56、67、78、89 共 9 个尺度的结构元素进行合成分析。从图 5-7 可知，传统形态滤波由于结构元素尺度的固定性，提取的噪声形态轮廓显然不能体现其他刻度下的细节信息；多尺度形态滤波由于选取不同尺度下的结构元素进行多层次分析，尺子的刻度不一样导致提取轮廓特征的精细程度也不尽相同，当尺度为 105(大于噪声宽度的 0.2 倍)时，提取的形态轮廓出现明显失真；加权多尺度形态滤波将结构元素有效尺度范围内的大、小尺度进行了结合，提取的波形轮廓光滑、连续。仿真结果表明，该方法描述了信号的全方位、分层次刻画性能，突出了各尺度下信号的相关局部特性，从而更精细地反映了信号本身所固有的形态结构特征，为全方位扫描待处理信号提供了可能。经传统形态滤波和本章所提方法处理后，曲线相似度由 0.9861 提升至 0.9959，信噪比由 15.0937 dB 提升至 20.5685 dB，曲线相似度和信噪比两个参数均得到了明显改善。

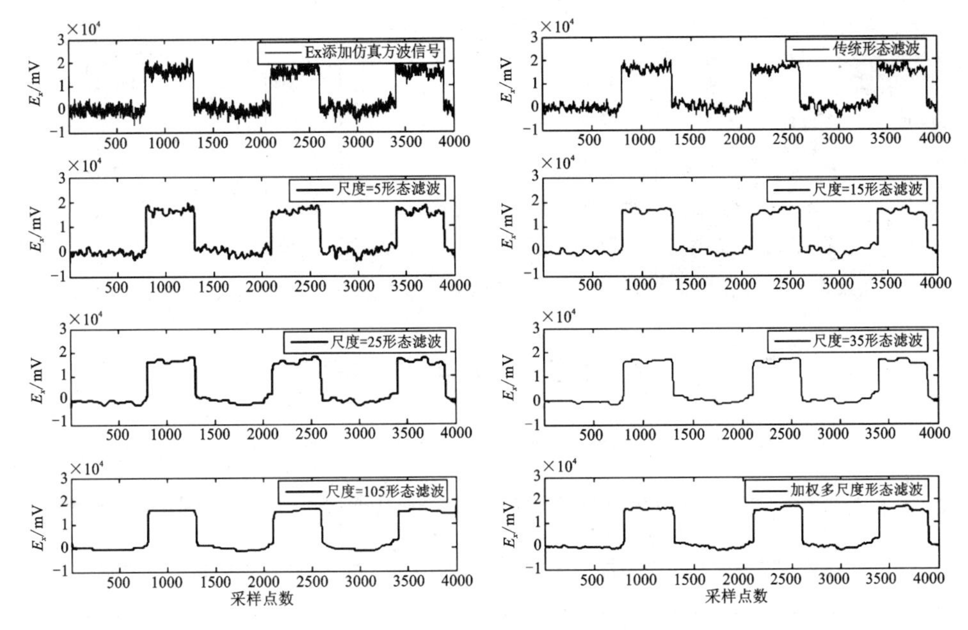

图 5 - 7　形态滤波仿真效果图

5.4.2　时间域滤波效果

图 5 - 8 至图 5 - 11 分别所示为采用传统形态滤波和加权多尺度形态滤波对实测大地电磁信号 E_x 分量和 H_y 分量时间片段的仿真效果图。其中，递归图 m 取 3，τ 取 1。

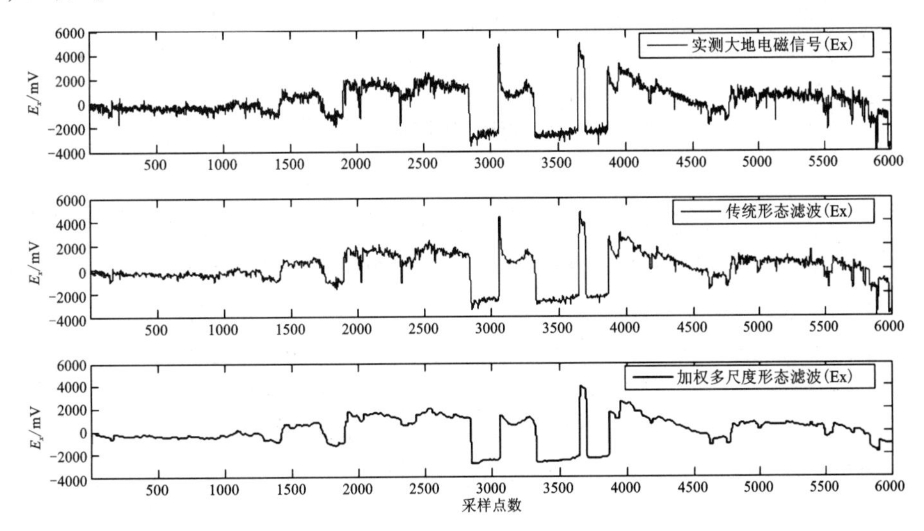

图 5 - 8　E_x 分量时间域波形滤波效果

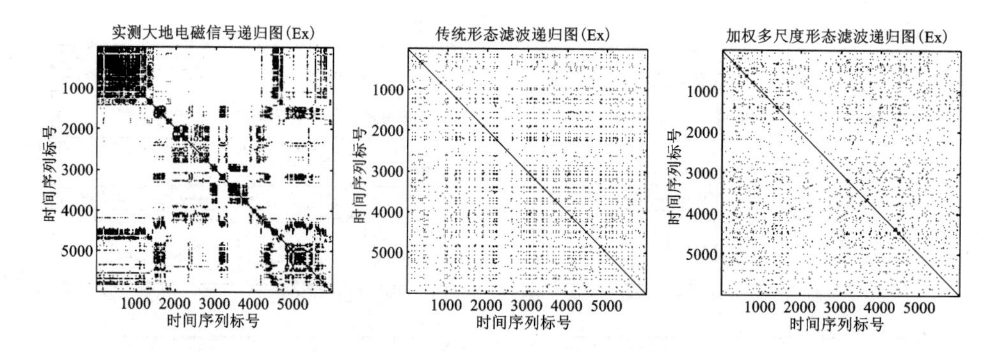

图 5-9　E_x 分量递归图滤波效果

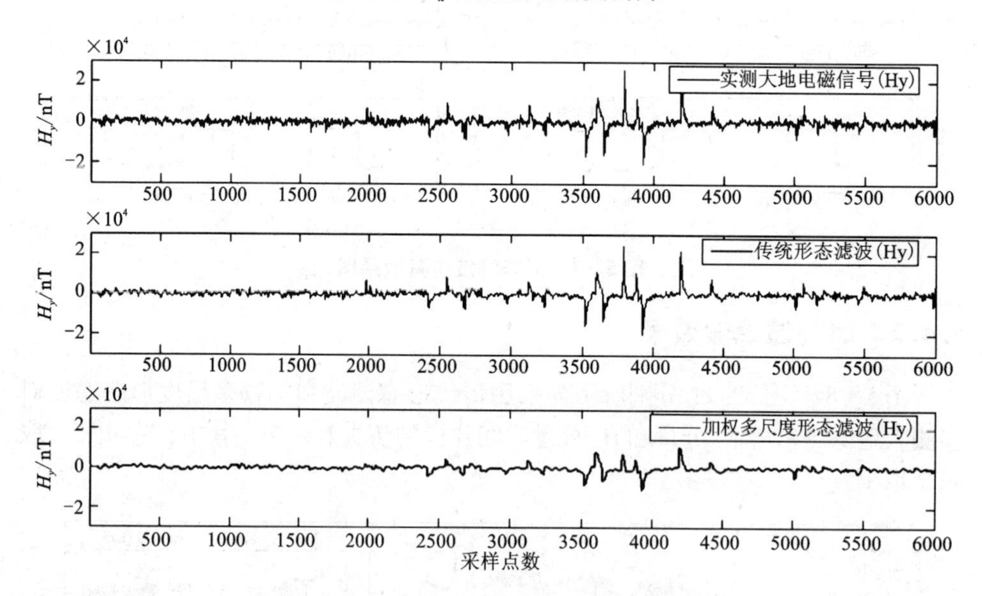

图 5-10　H_y 分量时间域波形滤波效果

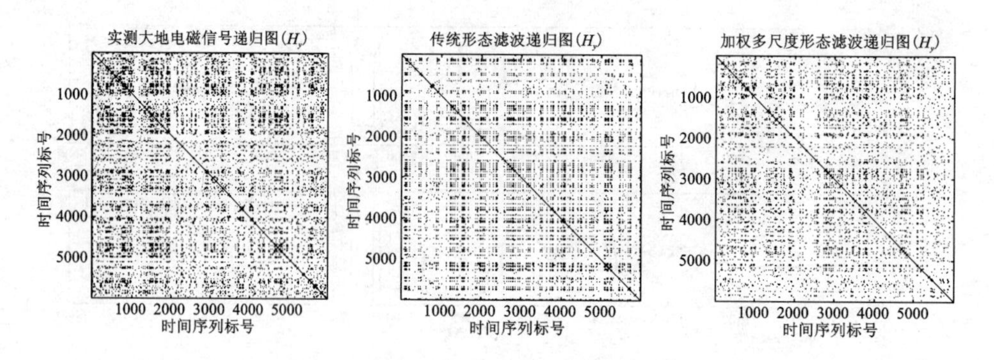

图 5-11　H_y 分量递归图滤波效果

分析图 5－8 至图 5－11 可知，实测数据 E_x 道中含类方波干扰和 H_y 道中含类充放电三角波干扰其能量远超过正常大地电磁信号的几十倍，完全把本身极其微弱的大地电磁信号湮没。传统形态滤波由于结构元素尺度选取单一，在获取强干扰轮廓上显然力不从心，曲线形态整体趋势并不光滑；递归图中黑、白点的分布也不随机，反映在相空间内递归点的递归频率明显增大。加权多尺度形态滤波由于结构元素在有效尺度范围内进行加权多尺度选取，提取的信号包含了全方位、分层次的结构信息，获得的强干扰形态轮廓自然、连续、平滑，突出了大地电磁有用信号的相关局部特性；分析递归图可知，黑、白点分布更加分散，说明在相空间内轨迹的聚集度明显减弱，同时也说明重构的大地电磁信号所包含的随机性增强；算法最大限度地保留了更为丰富的细节成分，体现了天然大地电磁场本身所固有的特征规律。

5.4.3　视电阻率曲线

图 5－12 所示为矿集区某测点的大地电磁原始数据 yx 方向视电阻率曲线。

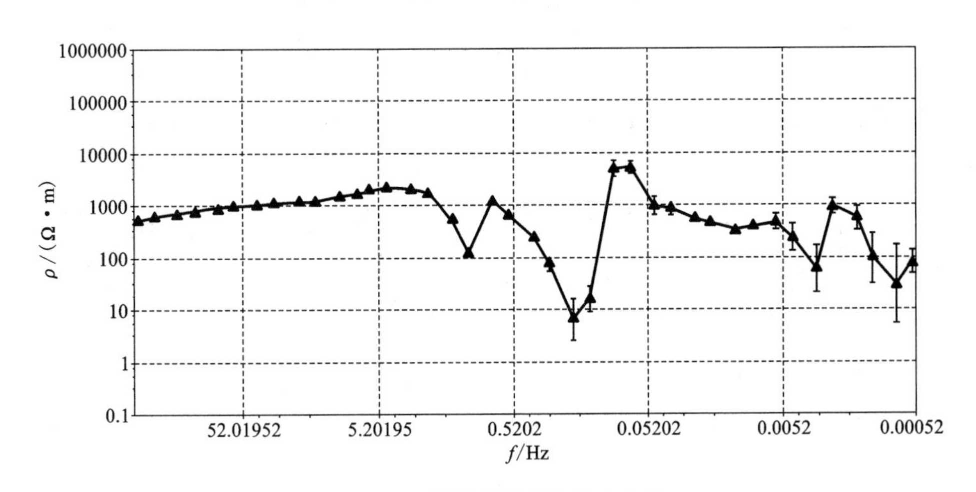

图 5－12　原始数据视电阻率曲线

从图 5－12 可知，原始大地电磁数据的视电阻率曲线整体形态连续性差、视电阻率值极不稳定。在大于 5 Hz 及 0.005～0.05 Hz 处，曲线形态较为平稳；0.5～5 Hz处，视电阻率值从 1000 Ω 下降到 100 Ω 后立即呈 45°左右渐近线快速回升至 1000 Ω；0.05～0.5 Hz 处，视电阻率值从 1000 Ω 下降至低于 10 Ω，然后急剧上升接近于 10000 Ω，在此频段范围内，视电阻率值变化异常紊乱，数值变化超过 3 个数量级；0.0005～0.005 Hz 处的甚低频段，视电阻率值跳变非常剧烈、误差棒明显增大，这些现象均表明该测点数据受到了矿集区的强噪声干扰。

图 5－13 和图 5－14 分别所示为原始测点数据经传统形态滤波和加权多尺度形态滤波获得的 *yx* 方向视电阻率曲线。

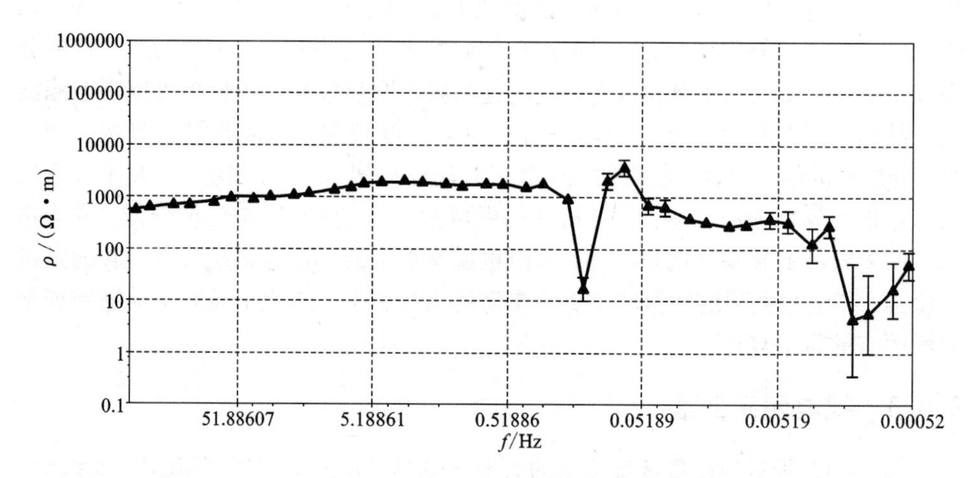

图 5－13　传统形态滤波视电阻率曲线

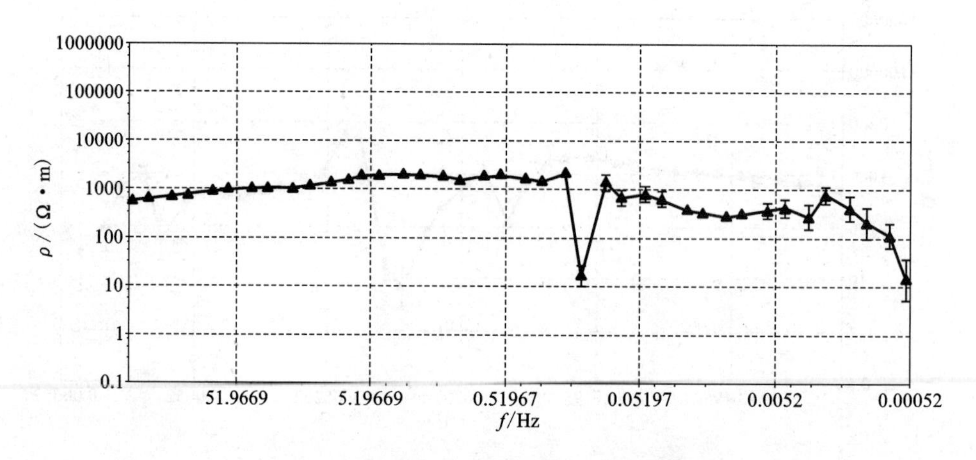

图 5－14　加权多尺度形态滤波视电阻率曲线

分析图 5－13 和图 5－14 可知，由于形态滤波法能剔除大尺度干扰，0.05～5 Hz 处的近源干扰及跳变剧烈现象已基本消除；在大于 0.005 Hz 处，除了0.1 Hz左右出现 1 个飞点外，视电阻率值趋于平稳。然而，因为传统形态滤波中结构元素尺度选取单一，在提取强干扰的同时也滤除了其他尺度中大地电磁有用信号的低频细节成分，导致 0.0005～0.005 Hz 处反映深部构造信息的低频段数据呈脱节现象，且曲线变得紊乱、误差棒增大；加权多尺度形态滤波由于全方位地考虑了大地电磁信号本身所固有的多尺度特征，因而能更精细地保留大地电磁有用信号的细节成分，表现在 0.0005 ~ 0.005 Hz 频段范围内除了最后 1 个频点出现下掉外，其他频点的数据均有明显抬升，曲线形态较传统形态滤波更为平稳、光滑，整体连续性大为提高、误差棒显著降低。

在图 5 - 14 的基础上仅对 0.1 Hz 左右的飞点和最后 1 个频点进行功率谱筛选，获得如图 5 - 15 所示的 yx 方向视电阻率曲线。

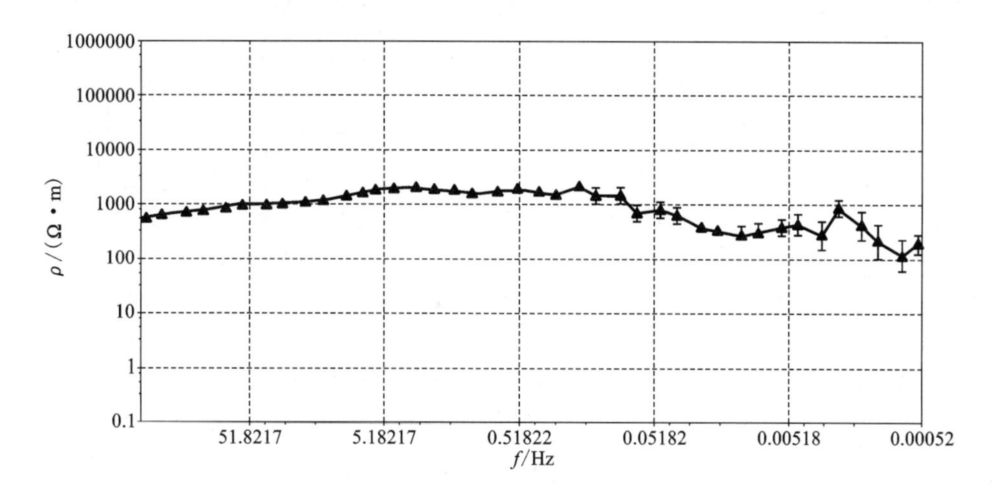

图 5 - 15　经简单功率谱筛选视电阻率曲线

分析图 5 - 15 可知，该测点经加权多尺度形态滤波处理后仅需通过简单的功率谱筛选即可获得光滑、连续的视电阻率曲线。实验结果表明，与传统形态滤波相比，加权多尺度形态滤波能更精细地分离出大地电磁有用信号，对提升大地电磁数据质量有明显改善，得到的视电阻率曲线为地下电性结构的资料可解释性提供了更为可靠的依据。

5.5　本章小结

本章首先介绍了多尺度形态学、数学形态谱和递归图的基本原理。然后，构建了加权多尺度形态滤波器对测试信号及实测大地电磁强干扰进行了信噪分离处理，并引入数学形态谱和递归图法对大地电磁信号和强干扰进行了信噪辨识研究。最后，从时间域波形和卡尼亚电阻率曲线两方面对矿集区实测点进行了对比分析，讨论了信噪分离方法的去噪效果。本章主要研究成果如下：

(1) 对几乎无电磁干扰、类方波干扰、类充放电三角波干扰和类脉冲干扰大地电磁信号的数学形态谱分布情况进行了讨论。仿真结果表明，形态膨胀运算和形态腐蚀运算获得的形态谱曲线层次分明，在辨识不同信号成分特征上明显优于形态开运算和形态闭运算。

(2)将非线性动力学行为中的递归图法引入到大地电磁信噪辨识中，对大地电磁信噪分离的时间序列进行了信噪甄别和确定性检验。仿真实验表明，递归图的相空间轨迹可以用来对大地电磁时间序列确定性成分的存在和周期性成分的嵌入进行刻画，从动力学角度揭示了信号相空间轨迹的运行方式。该方法能获取系统的全局相关信息，适合定性判断大地电磁时间序列的非稳态动态变化，为后续建立一套适合于矿集区的大地电磁信噪辨识评价准则提供了思路。

(3)对实测大地电磁强干扰和矿集区实测点进行加权多尺度形态滤波的实验结果表明，加权多尺度形态滤波能更精细地提取待处理信号的形态结构、突出了信号各尺度下的相关局部特性；与传统形态滤波相比，加权多尺度形态滤波由于能更精细地保留大地电磁有用信号的细节成分，视电阻率曲线仅需通过简单的功率谱筛选即可获得光滑、连续的视电阻率曲线，低频段的视电阻率趋于平稳，数据质量得到了明显改善。该方法为今后在矿集区开展大地电磁勘探及压制大地电磁强干扰提供了新的解决途径。

(4)递归图从平稳性和内部相似性角度定性判断了大地电磁信号和强干扰，但鉴于矿集区噪声源复杂多样，如何通过递归量化分析来定量评价信噪分离效果，将对矿集区大地电磁信噪甄别起到积极地改善作用。同时，针对大地电磁信号而言，多尺度形态学中分离出的每个尺度的物理含义，以及加权自适应选取合适的结构元素尺度还有待进一步深入研究。

第6章　基于形态滤波的二次信噪分离

由于大地电磁信号是非线性、非平稳性的，相对于强干扰而言非常微弱。只要选择合理的结构元素类型及尺寸，利用数学形态滤波可以有效地去除叠加在大地电磁有用信号上的大尺度噪声干扰和基线漂移。但是，在去除高频干扰时，数学形态滤波容易产生截断误差，且分离出的噪声序列中仍然保留一些有用的大地电磁信号，特别是一些含有深部构造信息的大尺度低频信号。这些信号的损失显然会影响到大地电磁信号的低频成分，降低大地电磁测深深部勘探的能力，导致不能精确反映地下电性结构。因此，本章在运用数学形态滤波进行去噪的基础上，研究Top-hat变换、中值滤波和信号子空间增强等方法，目的是对数学形态滤波提取的噪声轮廓或重构信号进一步做二次信噪分离，获取高精度的大地电磁有用信号。

6.1　Top-hat变换基本原理

数学形态变换在图像分析中，常需要对波峰或波谷等高曲率点进行检测，以用于边缘检测，而数学形态学中的Top-hat(顶帽)变换可以用来实现检测待处理信号的波峰或波谷，已在红外目标检测、车牌定位、图像分析和模式识别等领域得到广泛应用[173~182]。

观测矿集区采集到的大地电磁强干扰测点的时间序列可知，强噪声干扰的幅值明显高于正常大地电磁有用信号，且这类强干扰在时间域中往往呈现波峰或波谷的形态特征。本节引入数学形态学中的Top-hat变换对大地电磁强噪声干扰轮廓的波峰及波谷的检测能力进行考察，并探讨该方法在保留时间域缓变化信息方面的优势，以便更好地实现信噪分离。

Top-hat变换根据形态开、闭运算的不同，可以分为两种类型：开Top-hat变换和闭Top-hat变换[183]。

开Top-hat变换定义为：

$$OHat(f(n)) = f - (f \circ g) \tag{6-1}$$

闭Top-hat变换定义为：

$$CHat(f(n)) = (f \cdot g) - f \tag{6-2}$$

由式(6-1)和式(6-2)可知，对于信号f，开运算$f \circ g$将削去f的波峰，得到基线信号，再运用差运算就可以有效地检测出信号 f 的正向尖峰，即消除背景后的“峰”信号。如将 $f \circ g$ 改成 $f \cdot g$，并将结果取负，则可以检测到负向尖峰。g 是结构元素，数学形态学利用结构元素来探测信号的几何结构，不同类型或尺寸的结构元素可以获得信号不同方面的结构信息。

图 6－1 和图 6－2 分别所示为开 Top-hat 变换和闭 Top-hat 变换提取正、负脉冲干扰示意图。其中，原始信号中包含的正、负脉冲宽度均设为 20。

为了有效滤除原始信号中的脉冲干扰，仿真实验选用 21 点直线型结构元素进行处理。分析图 6－1 和图 6－2 可知，开 Top-hat 变换可以较好地提取叠加在基线上的正脉冲信息，而闭 Top-hat 变换则可以较好地提取叠加在基线上的负脉冲信息，且两者都能同时保留基线的整体趋势，即信号的缓变化信息[184, 185]。若将开、闭 Top-hat 变换合理运用，则可以探测复杂信号的结构信息。

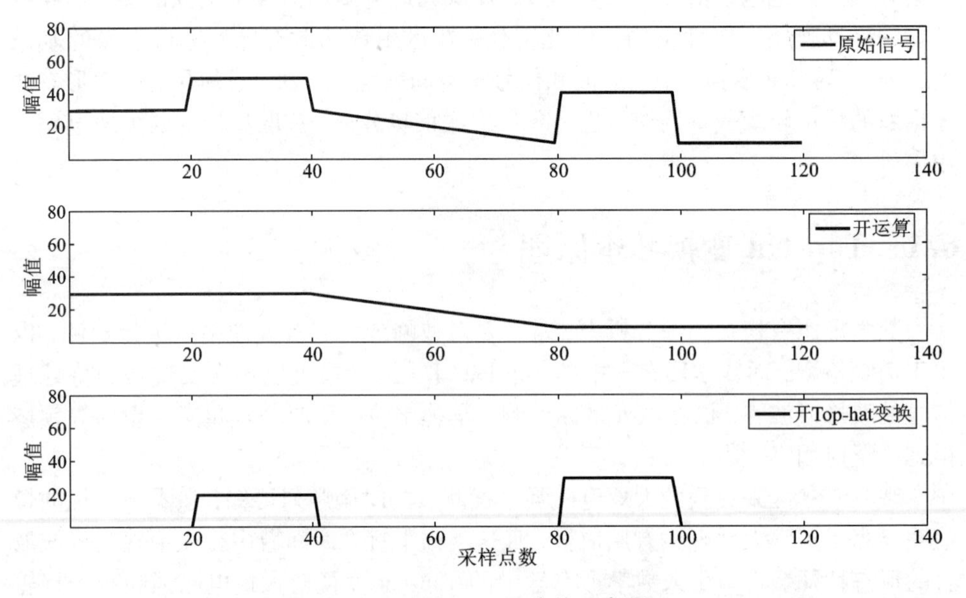

图 6－1　开 Top-hat 变换示意图

6.2　Top-hat 变换信噪分离效果

分析图 6－1 和图 6－2 可知，利用 Top-hat 变换获取原始信号中缓变化的低频信号其关键在于原始信号的轮廓曲线需清晰、光滑。然而，原始大地电磁强干扰信号往往波形复杂、曲线紊乱，且含有微弱的大地电磁有用信号，若直接进行 Top-hat 变换其效果不理想。因此，首先利用数学形态滤波提取连续、光滑的大地

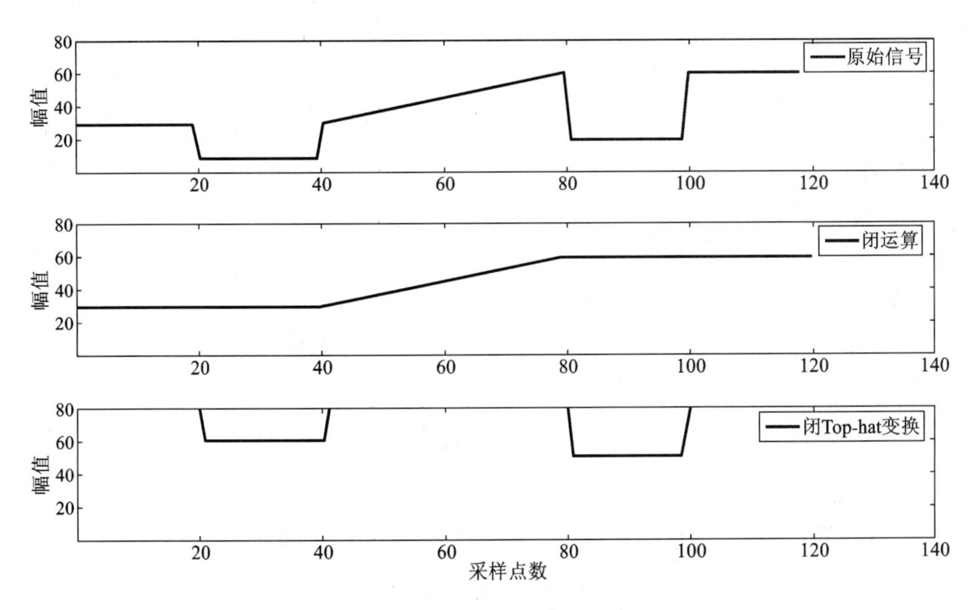

图 6－2　闭 Top-hat 变换示意图

电磁强干扰轮廓，然后再针对强干扰轮廓采用 Top-hat 变换进一步分离出含缓变化的低频有用信息，最后重构得到含低频信息的 MT 有用信号。

基于形态滤波的 Top-hat 变换二次信噪分离流程如图 6－3 所示。

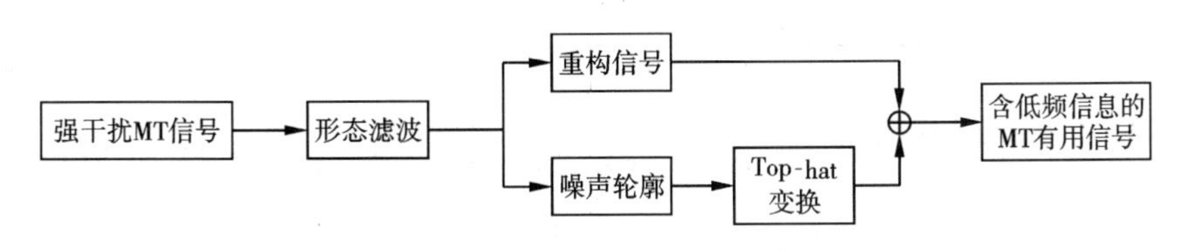

图 6－3　Top-hat 变换二次信噪分离流程图

具体步骤如下：

(1)首先，利用小尺寸的结构元素提取含强噪声干扰的轮廓曲线，目的是将小于或等于结构元素的信号进行滤除，仅保留比结构元素大的信号单元，即提取连续、光滑的噪声轮廓曲线，从而使重构信号中尽可能多地保留 MT 有用信号的细节信息。

(2)然后，根据所含强干扰的宽度，对提取的噪声轮廓曲线合理选择大尺寸的结构元素进行 Top-hat 变换，目的是从噪声轮廓中进一步分离出含大尺度的低频有用信息，即缓变化信息。

(3)最后，将重构信号和低频有用信息进行叠加，最终获得含低频缓变化信息的 MT 有用信号，达到信噪分离的目的。

为了比较广义形态滤波和 Top-hat 变换去噪的效果，仿真实验选用最大值、最小值、标准差、方差和能量等统计参数及曲线相似性特征(NCC)参数进行算法性能的评价。

6.2.1 类方波噪声压制

图6－4 所示为采样率24 Hz 的实测电道 E_x 信号采用广义形态滤波和 Top-hat 变换去噪的仿真效果对比图。该信号中包含若干不同宽度的大尺度、高幅值的类方波干扰，其能量远大于正常大地电磁有用信号。从图6－4 可知，原始含大尺度类方波干扰的 MT 信号其时间域波形的连续性遭到了严重破坏。

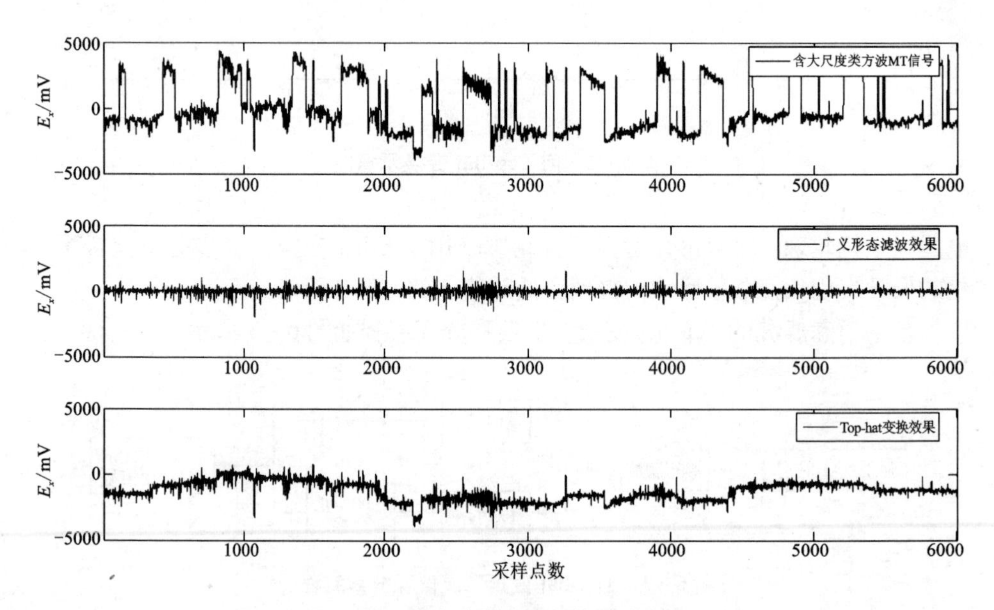

图6－4　类方波噪声压制效果对比图

分析图6－4 可知，含类方波干扰的原始信号其统计参数为：最大值 4.56×10^3 mV，最小值 -4.04×10^3 mV，标准差 1.94×10^3，方差 3.78×10^6，能量 2.27×10^{10} mV^2。广义形态滤波选用 7 点圆盘型和抛物线型结构元素进行处理，观测波形可知，大尺度类方波干扰得到了有效压制，但原始信号本身的缓变化信息也被随之剔除，去噪后的统计参数为：最大值 1.62×10^3 mV，最小值 -2.02×10^3 mV，标准差 248，方差 6.17×10^4，能量 3.70×10^8 mV^2。Top-hat 变换在形态滤波的基础上，选用 197 点直线型结构元素做开 Top-hat 变换。观测波形曲线可知，类方波干扰在有效压制的同时，低频有用信号的时间域曲线形态也得到了较好地保留，其统计参数为：最大值763 mV，最小值 -4.04×10^{3} mV，标准差708，方差 5.01×10^{5}，能量 1.28×10^{10} mV^{2}。广义形态滤波处理后的信号与原始信号的 *NCC* 值为0.5714，而Top-hat变换处理后的信号与原始信号的 *NCC* 值为0.8020。比较两种算法的滤波参数可知，Top-hat变换在去除大尺度类方波干扰的同时，也保持了原始信号本身所固有的低频缓变化信息，曲线相似性明显优于广义形态滤波。以上实验可以得出结论：Top-hat变换的去噪效果比广义形态滤波更合理，经Top-hat变换处理后，强噪声干扰在得到有效压制的同时，信号本身的整体趋势即低频缓变化信息得到了较好地保留。

6.2.2　类充放电三角波噪声压制

图6－5所示为采样率320 Hz的实测电道 E_y 信号采用广义形态滤波和Top-hat变换去噪的仿真效果对比图。该信号包含若干个类充放电三角波干扰，并以正、负相接的三角波形态出现，其能量幅值远高于正常有用信号的几个数量级。

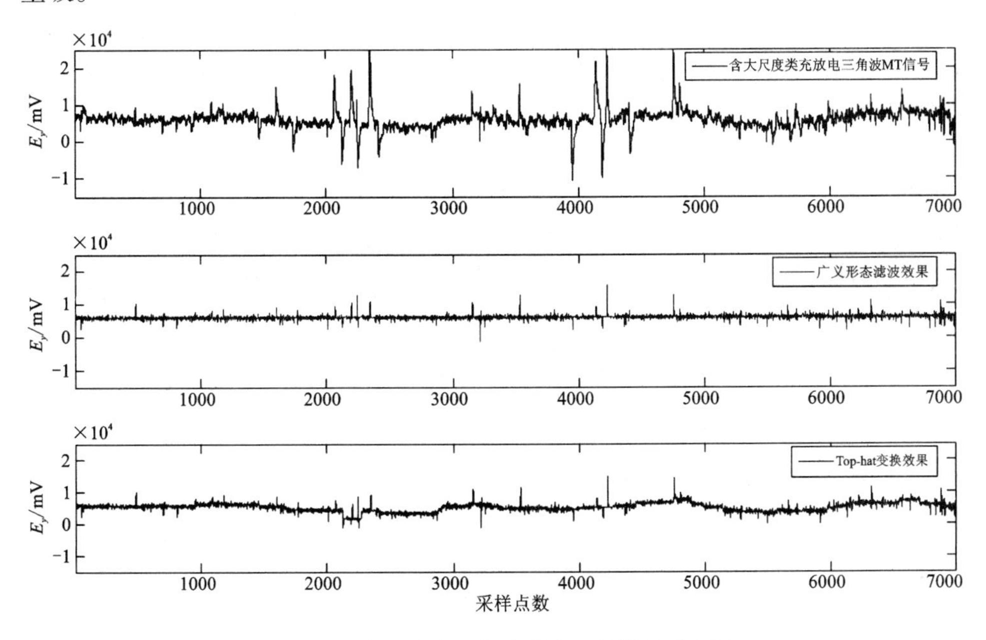

图6－5　类充放电三角波噪声压制效果对比图

分析图6－5可知，含类充放电三角波干扰的原始信号其统计参数为：最大值 3.19×10^{4} mV，最小值 -1.07×10^{4} mV，标准差 2.75×10^{3}，方差 7.64×10^{6}，能量 3.05×10^{11} mV^{2}。广义形态滤波选用9点三角形和直线型结构元素进行处理，观

测波形可知，大尺度的类充放电三角波干扰得到了有效压制，但同时原始信号本身的缓变化信息也被去除，去噪后的统计参数为：最大值 1.58×10^4 mV，最小值 -1.25×10^3 mV，标准差672，方差 4.51×10^5，能量 2.54×10^{11} mV^2。由于待处理信号中包含正、负充放电三角波干扰，Top-hat 变换在形态滤波的基础上，先选择105点直线型结构元素进行开 Top-hat 变换，滤除正向三角波干扰，然后选择100点直线型结构元素进行闭 Top-hat 变换，滤除负向三角波干扰。观测波形可知，类充放电三角波干扰在有效压制的同时，低频有用信号的时间域曲线形态得到了较好地保留，其统计参数为：最大值 1.48×10^4 mV，最小值 -1.06×10^3 mV，标准差 1.34×10^3，方差 1.80×10^6，能量 1.97×10^{11} mV^2。经广义形态滤波处理的信号与原始信号的 *NCC* 值为0.9393，而经 Top-hat 变换处理的信号与原始信号的 *NCC* 值为0.9515。以上实验结果表明，Top-hat 变换在有效去除大尺度类充放电三角波干扰的同时，较好地保持了原始信号本身所固有的低频缓变化信息，其去噪效果优于广义形态滤波，与原始信号的相似性更好。

6.2.3 类脉冲噪声压制

图6-6所示为采样率24 Hz 的实测磁道 H_x 信号采用广义形态滤波和Top-hat 变换去噪的仿真效果对比图。该信号包含若干类脉冲干扰，其能量幅值远高于正常有用信号[186]。

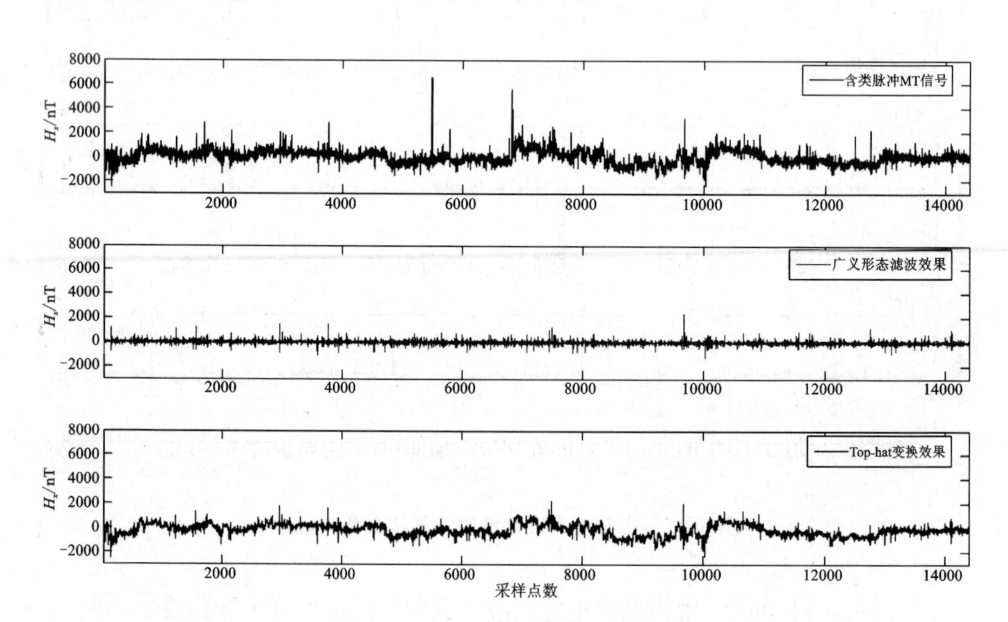

图6-6 类脉冲噪声压制效果对比图

分析图 6 – 6 可知，含类脉冲干扰的原始信号其统计参数为：最大值 6.54×10^3 nT，最小值 -2.52×10^3 nT，标准差 525，方差 2.76×10^5，能量 3.97×10^9 nT^2。广义形态滤波选用 5 点圆盘型和直线型结构元素进行处理，观测波形可知，类脉冲干扰虽得到了有效压制，但同时原始信号本身的缓变化信息也被去除。去噪后其统计参数为：最大值 2393 nT，最小值 –1254 nT，标准差 115，方差 1.33×10^4，能量 1.91×10^8 nT^2。Top-hat 变换在形态滤波的基础上，选用 20 点直线型结构元素做开 Top-hat 变换。观测波形可知，类脉冲干扰得到了有效的压制，同时低频有用信号也得到了较好地保留，其统计参数为：最大值 2.25×10^3 nT，最小值 -2.52×10^3 nT，标准差 448，方差 2.01×10^5，能量 3.34×10^9 nT^2。广义形态滤波处理的信号与原始信号的 *NCC* 值为 0.4391，经 Top-hat 变换处理的信号与原始信号的 *NCC* 值为 0.8741。以上实验结果表明，Top-hat 变换在有效抑制类脉冲干扰的同时，波形本身所固有的低频缓变化形态也得到了较好地保留，其去噪效果明显优于广义形态滤波，与原始信号的相似性更好，滤波结果也更趋于合理。

6.2.4　类阶跃噪声压制

图 6 – 7 所示为采样率 24 Hz 的实测磁道 H_y 信号采用广义形态滤波和Top-hat 变换去噪的仿真效果对比图。该信号包含大尺度类阶跃干扰，其能量幅值远大于正常 MT 有用信号。

分析图 6 – 7 可知，含大尺度类阶跃干扰的原始信号其统计参数为：最大值 2.33×10^4 nT，最小值 -1.30×10^4 nT，标准差 5.15×10^3，方差 2.65×10^7，能量 5.83×10^{10} nT^2。广义形态滤波选用 5 点圆盘型和直线型结构元素进行处理，观测波形可知，类阶跃干扰虽得到了有效压制，但同时原始信号本身的缓变化信息也被去除。去噪后其统计参数为：最大值 7.54×10^3 nT，最小值 -5.28×10^3 nT，标准差 1.54×10^3，方差 2.37×10^6，能量 5.81×10^9 nT^2。Top-hat 变换在形态滤波的基础上，选用 20 点直线型结构元素进行开 Top-hat 变换。观测波形可知，类阶跃干扰得到了有效压制，同时低频有用信号也得到了较好地保留，其统计参数为：最大值 6.93×10^3 nT，最小值 -1.30×10^4 nT，标准差 2.78×10^3，方差 7.74×10^6，能量 2.11×10^{10} nT^2。广义形态滤波处理的信号与原始信号的 *NCC* 值为 0.5848，经 Top-hat 变换处理的信号与原始信号的 *NCC* 值为 0.7392。以上实验结果表明，Top-hat 变换在有效压制类阶跃干扰的同时，波形本身所固有的低频缓变化信息也得到了较好地保留，其滤波结果合理、去噪效果明显优于广义形态滤波。

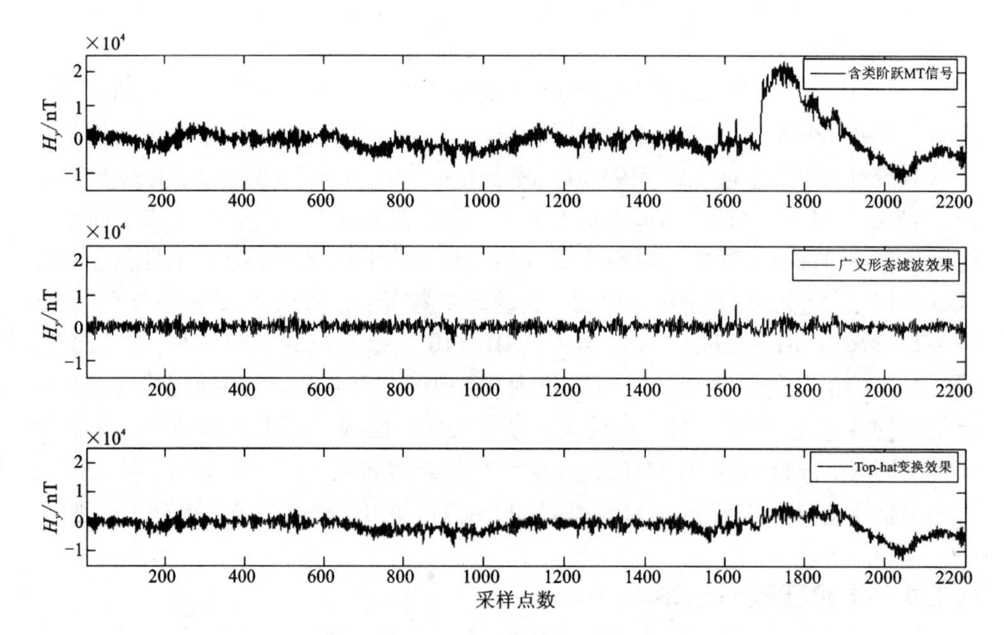

图 6-7　类阶跃噪声压制效果对比图

6.3　中值滤波

中值滤波是 20 世纪 70 年代发展起来的一种非线性信号处理方法，随着技术的不断推广，已从信号处理领域拓展到其他应用领域[187-188]。Bednar J B 和 Duncan G 将该方法应用于地震探测数据处理[189-190]。Mi Y 将标准 Kirchhoff 时间偏移技术与中值滤波相结合进行噪声衰减[191]。Zhang R 和 Ulrych T J 使用一种双曲中值滤波技术压制多次波[192]。Liu C 提出采用二维多级中值滤波技术消除随机噪声干扰[193]。张怿平和夏洪瑞提出针对可控震源资料的去噪记录进行横向首尾相连的循环中值滤波技术[194]。刘洋和刘财针对一维经典中值滤波器有可能导致有用信息被破坏的情况，根据地震数据和阈值的关系选取时变的窗口进行中值滤波[195]，随后，通过设计局部相关加权中值滤波器保护地震资料中的断层信息，并消除随机噪声干扰、提高资料的可解释性[196]。

6.3.1　一维中值滤波基本原理

假设 $S_i(i=1, 2, 3, \cdots, N-1, N)$ 为数字序列，N 个数按照数值的大小顺序进行排列，所求的中值 y 为：

$$y=\mathrm{Med}\{S_1, S_2, \cdots, S_N\}=\begin{cases} S_{i\left(\frac{N+1}{2}\right)} & N\text{为奇数} \\ \dfrac{S_{i\left(\frac{N}{2}\right)}+S_{i\left(\frac{N}{2}+1\right)}}{2} & N\text{为偶数} \end{cases} \tag{6-3}$$

分析式(6-3)可知，中值滤波实际上是一个平滑滤波，即对信号的数字序列进行近似平滑处理。但是，在观测过程中往往存在误差，如何使用最小误差来确定最理想的接近真实值是一个非常困难的问题，一般来说，通常根据最小误差能量和实现数字序列的平滑[197]。

假设 $\bar{s}$ 是 N 点数字序列 S_i 的中值，则 $\bar{s}$ 与 S_i 之间的总误差能量为：

$$Q=\sum_{i=1}^{N}|\bar{s}-S_i| \tag{6-4}$$

为了使 Q 最小，则：

$$\frac{\partial Q}{\partial \bar{s}}=0 \tag{6-5}$$

由于 $\sum_{i=1}^{N}|\bar{s}-S_i|=\sum_{i=1}^{N}[(\bar{s}-S_i)^2]^{1/2}$，则：

$$\frac{\partial Q}{\partial \bar{s}}=\frac{\partial}{\partial \bar{s}}\sum_{i=1}^{N}\sqrt{(\bar{s}-S_i)^2}=\sum_{i=1}^{N}\frac{\bar{s}-S_i}{|\bar{s}-S_i|}=\sum_{i=1}^{N}\mathrm{sgn}(\bar{s}-S_i)=0 \tag{6-6}$$

式(6-6)中，sgn 表示符号函数。

由上可知，中值通常是在满足总误差能量最小的情况下最佳的滤波效果。

中值滤波的最大优势在于算法简单且去噪效果明显，常用的中值滤波器的长度为 3 点或 5 点，相应的滤波器也称为 3 点或 5 点中值滤波器。

图 6-8 所示为原始信号分别采用 3 点中值滤波和 3 点均值滤波的仿真效果图。从图 6-8 可知，原始信号在采样点 12 附近有明显的尖脉冲干扰。

分析图 6-8 可知，中值滤波很好地滤除了原始信号中的尖脉冲干扰，同时完整地保留了其他有用信号的边缘信息，达到了实验的目的。均值滤波滤除尖脉冲干扰的效果并不理想，且其他有用信号的边缘信息也随之发生了变化，违背了实验的初衷。

6.3.2　形态-中值滤波仿真实验

形态-中值滤波算法流程如图 6-9 所示。首先通过形态滤波分离出强干扰的轮廓曲线和重构信号，然后运用中值滤波对重构信号进行滤波处理，进一步保留大地电磁有用信号的细节成分并移除大尺度随机脉冲干扰[198]。

图 6-10 所示为实测电道 E_x 信号采用形态-中值滤波对包含大尺度类方波干扰进行二次信噪分离的仿真效果图，其强干扰的能量幅值为正常有用信号的几十倍以上，仿真实验选用 5 点中值滤波器。

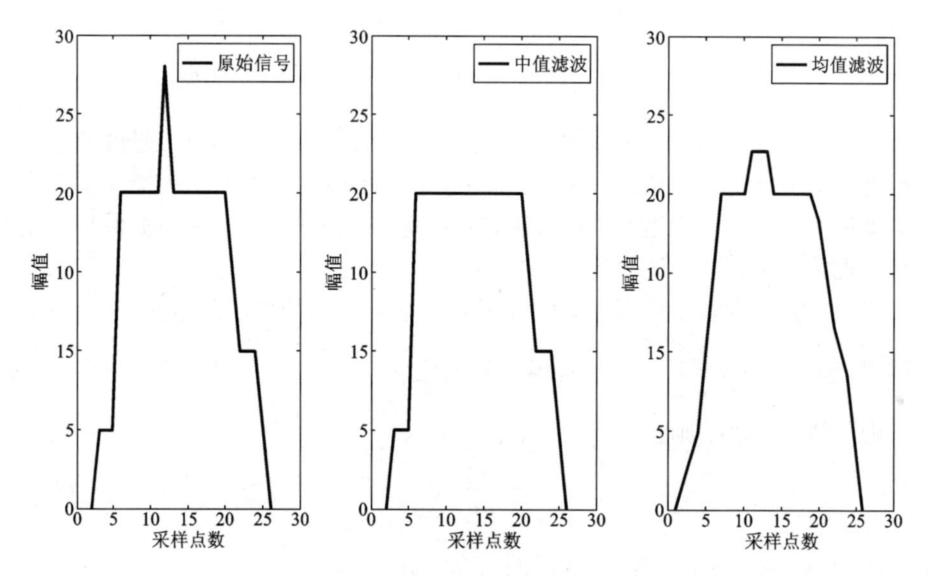

图6-8　中值滤波和均值滤波仿真效果对比图

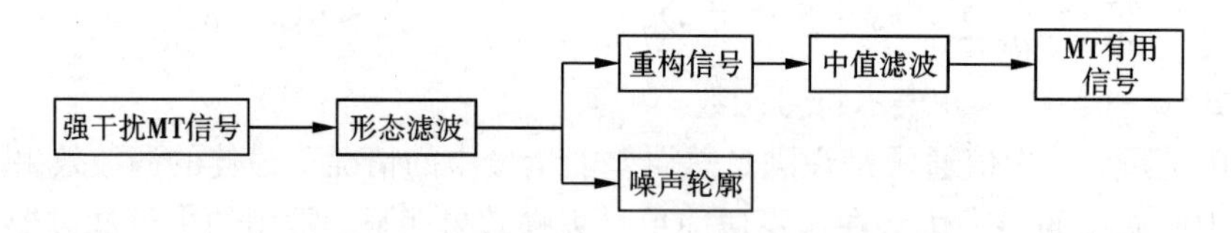

图6-9　形态-中值滤波二次信噪分离流程图

分析图6-10可知，由于结构元素类型和尺寸的选取缘故，导致形态滤波时有些宽度很窄的尖脉冲没有被提取出来，而对重构信号进一步作中值滤波则弥补了这个缺陷。从图6-10可知，重构信号在采样点1000、1500左右的尖脉冲干扰经中值滤波处理后得到了较好地滤除。

图6-11所示为实测磁道 H_y 信号采用形态-中值滤波对包含大尺度类充放电三角波干扰进行二次信噪分离的仿真效果图，其强干扰的能量幅值为正常有用信号的几十倍以上，仿真实验选用5点中值滤波器。

分析图6-11可知，由于类充放电三角波干扰的宽度不一，结构元素的尺寸很难选取，导致形态滤波后的重构信号中仍留有窄脉冲干扰。对重构信号进一步中值滤波后，重构信号在采样点500、1500左右的尖脉冲干扰得到了有效抑制。对比书中6.1节提及的Top-hat变换，中值滤波不需要选取结构元素的类型和尺寸，仅需要选择中值滤波器的长度，即中值滤波在去噪过程中降低了算法的复杂度。

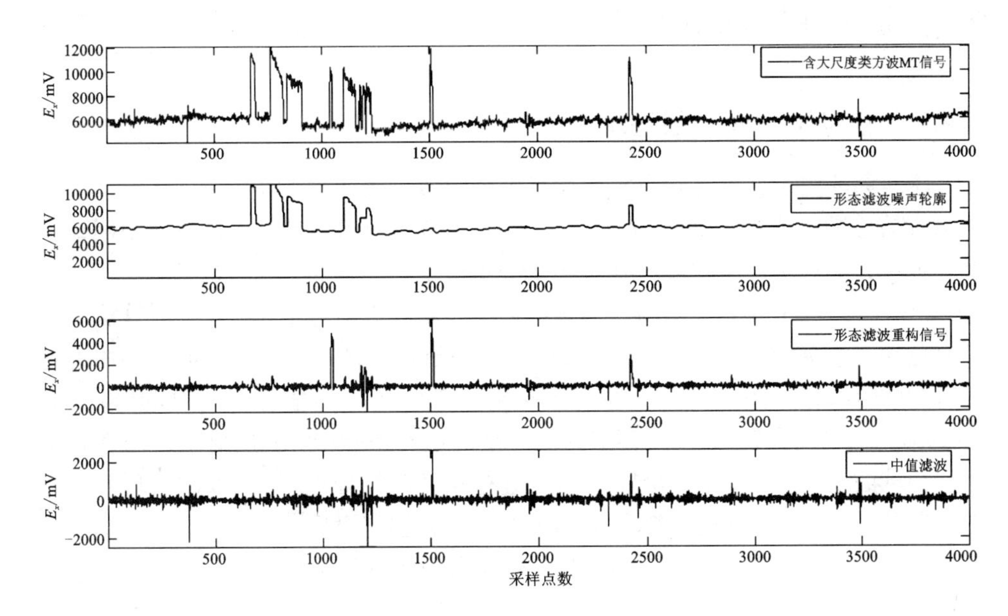

图 6－10　E_x 信号形态－中值滤波效果图

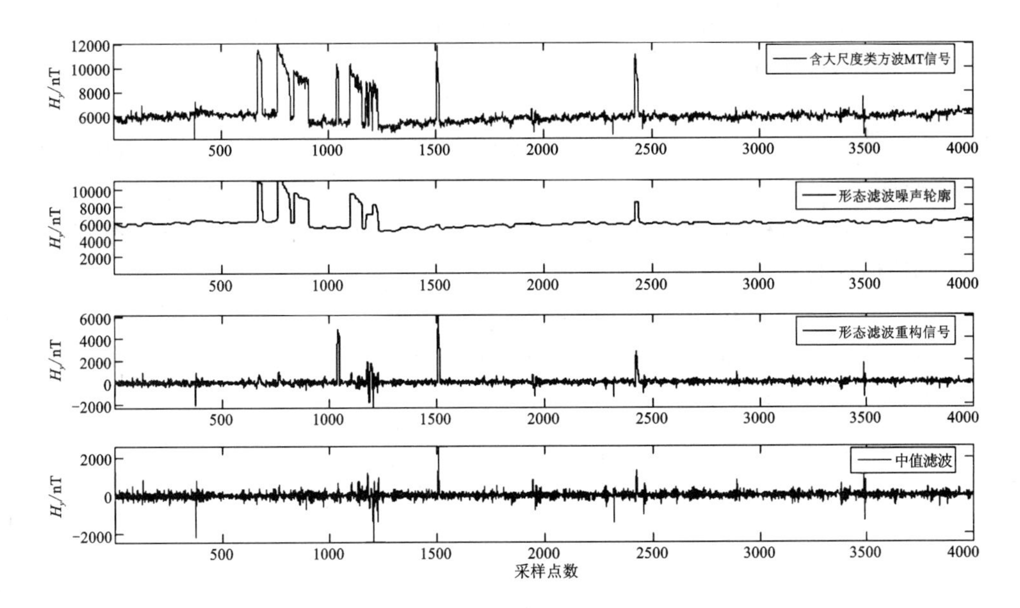

图 6－11　H_y 信号形态－中值滤波效果图

6.4 信号子空间增强

6.4.1 信号子空间增强基本原理

子空间法由于其本身具有控制信号失真和残余噪声的平衡机制，最早被应用于语音信号增强领域。Ephraim Y 和 Van Trees 首先提出白噪声条件下子空间语音增强算法，利用 KL(Karhunen-Loeve Transform)变换对信号进行特征分解[199]。Gazor S 和 Rezayee A 通过对噪声向量的协方差矩阵近似对角化，并将此算法推广到有色噪声情况[200]。Lev-Ari 和 Ephraim Y 通过对语音向量和噪声向量的协方差矩阵的联合特征分解，提出一种基于子空间算法的最优估计[201]。Jabloun F 和 Champagne B 又将声学感知模型引入到子空间语音增强中，利用掩蔽门限在特征域和频域的变换，对子空间降噪的信号进行噪声滤波处理[202]。该方法现已被逐渐推广到故障诊断、地震资料、语音增强等信号处理领域[203~210]。

信号子空间增强的基本原理是将带噪信号投影到两个子空间：信号子空间和完全正交的噪声子空间[211~213]。本质上讲，信号子空间增强算法就是将噪声子空间全部置零，同时滤除信号子空间中所包含的噪声干扰。因此，跟信号子空间有关的是纯净信号及估计器引入的误差，噪声子空间仅是残余噪声[214, 215]。

假设 x 为纯净信号，n 为加性噪声，且两者互不相关，则带噪信号可以表示为：

$$y = x + n \tag{6-7}$$

式中，x、y 和 n 分别表示 K 维纯净信号、带噪信号和加性噪声向量。

设 $\hat{x} = \boldsymbol{H} \cdot y$ 表示纯净信号 x 向量的线性估计，$\boldsymbol{H}$ 表示 $K \times K$ 阶线性估计矩阵，则该估计器的误差信号 ε 如下：

$$\varepsilon = \hat{x} - x = (\boldsymbol{H} - \boldsymbol{I}) \cdot x + \boldsymbol{H} \cdot n = \varepsilon_x + \varepsilon_n \tag{6-8}$$

式中，ε_x 和 ε_n 分别表示信号失真向量和残余噪声向量。

信号的失真能量$\overline{\varepsilon_x^2}$定义为：

$$\overline{\varepsilon_x^2} = E[\varepsilon_x^{\mathrm{T}} \varepsilon_x] = tr(E[\varepsilon_x \varepsilon_x^{\mathrm{T}}]) \tag{6-9}$$

残余噪声能量$\overline{\varepsilon_n^2}$定义为：

$$\overline{\varepsilon_n^2} = E[\varepsilon_n^{\mathrm{T}} \varepsilon_n] = tr(E[\varepsilon_n \varepsilon_n^{\mathrm{T}}]) \tag{6-10}$$

当满足$\frac{1}{K}\overline{\varepsilon_n^2} \leqslant \sigma^2$ 时，通过求解以下时域约束条件方程，就可以获得最优化的线性估计器：

$$\min_H \overline{\varepsilon_x^2} \tag{6-11}$$

式中，σ^2 为正常数，即当$\overline{\varepsilon_x^2}$最小且同时满足$\overline{\varepsilon_n^2}$最小时，最优线性估计器为：

$$\boldsymbol{H}_{\mathrm{opt}} = \boldsymbol{R}_x\ (\boldsymbol{R}_x + \mu \boldsymbol{R}_n)^{-1} \tag{6-12}$$

式中，μ 为拉格朗日乘子，$\boldsymbol{R}_x$、$\boldsymbol{R}_n$ 分别表示纯净信号 x 和噪声 n 的协方差矩阵。

利用 $\boldsymbol{R}_x$ 进行特征分解：

$$\boldsymbol{R}_x = \boldsymbol{U}\boldsymbol{\Lambda}_x\boldsymbol{U}^{\mathrm{T}} \tag{6-13}$$

$\boldsymbol{H}_{\mathrm{opt}}$可以简化为：

$$\boldsymbol{H}_{\mathrm{opt}} = \boldsymbol{U}\boldsymbol{\Lambda}_x\ (\boldsymbol{\Lambda}_x + \mu \boldsymbol{U}^{\mathrm{T}}\boldsymbol{R}_n\boldsymbol{U})^{-1}\boldsymbol{U}^{\mathrm{T}} \tag{6-14}$$

式中，$\boldsymbol{U}$ 表示纯净信号的协方差矩阵 $\boldsymbol{R}_x$ 的归一化特征向量矩阵。

$\boldsymbol{\Lambda}_x$ 表示由 $\boldsymbol{R}_x$ 的特征值组成的对角阵：

$$\boldsymbol{\Lambda}_x = \mathrm{diag}(\lambda_x^1,\ \lambda_x^2,\ \cdots,\ \lambda_x^K) \tag{6-15}$$

当噪声向量 n 为方差 σ_n 的加性白噪声时：

$$\boldsymbol{R}_n = \sigma_n \boldsymbol{I} \tag{6-16}$$

当噪声向量 n 为有色噪声时，往往用对角矩阵 $\boldsymbol{\Lambda}_n$ 来近似矩阵 $\boldsymbol{U}^{\mathrm{T}}\boldsymbol{R}_n\boldsymbol{U}$：

$$\begin{aligned}\boldsymbol{\Lambda}_n &= \mathrm{diag}(E(|u_1^{\mathrm{T}}n|^2),\ E(|u_2^{\mathrm{T}}n|^2),\ \cdots,\ E(|u_K^{\mathrm{T}}n|^2)) \\ &= \mathrm{diag}(\lambda_n^1,\ \lambda_n^2,\ \cdots,\ \lambda_n^K) \approx \boldsymbol{U}^{\mathrm{T}}\boldsymbol{R}_n\boldsymbol{U}\end{aligned} \tag{6-17}$$

式中，$\boldsymbol{U}_k$ 表示 $\boldsymbol{R}_x$ 的第 k 个特征向量，λ_n^K 表示第 k 个特征向量的噪声方差，$\boldsymbol{\Lambda}_n$ 表示 $\boldsymbol{R}_n$ 的特征值组成的对角阵。

采用以上逼近方法可获得如下估计器：

$$\boldsymbol{H}_{\mathrm{opt}} = \boldsymbol{U}\boldsymbol{\Lambda}_x\ (\boldsymbol{\Lambda}_x + \mu \boldsymbol{\Lambda}_n)^{-1}\boldsymbol{U}^{\mathrm{T}} \tag{6-18}$$

通过对噪声向量 n 的协方差矩阵 $\boldsymbol{R}_n$ 进行对角化近似，可推广到有色噪声中，定义 $\boldsymbol{G}$ 为：

$$\boldsymbol{G} = \boldsymbol{\Lambda}_x\ (\boldsymbol{\Lambda}_x + \mu \boldsymbol{\Lambda}_n)^{-1} \tag{6-19}$$

由于 $\boldsymbol{\Lambda}_x$ 和 $\boldsymbol{\Lambda}_n$ 都为对角矩阵，则：

$$\boldsymbol{G} = \mathrm{diag}(g_1,\ g_2,\ \cdots,\ g_K) \tag{6-20}$$

$\boldsymbol{G}$ 的第 k 个对角元素 g_k 可以表示为：

$$g_k = \begin{cases} \dfrac{\lambda_x^k}{\lambda_x^k + \mu\lambda_n^k} & k = 0,\ 1,\ \cdots,\ M \\ 0 & k = M+1,\ \cdots,\ K \end{cases} \tag{6-21}$$

式中，λ_x^k 是按降序排列的，表示对角阵 $\boldsymbol{\Lambda}_x$ 的第 k 个对角元素，M 表示纯净信号 x 向量的协方差矩阵 $\boldsymbol{R}_x$ 的秩。

最后，利用公式 $\hat{x} = \boldsymbol{H}_{opt} \cdot y$ 则可得到纯净信号的估计。信号子空间增强即将含噪信号通过一线性估计投影到信号子空间，从而得到原始信号的较好估计。

根据信号子空间增强的基本原理，将该算法应用到 MT 信噪分离中的具体步骤如下：

首先，将形态滤波预提取的“大尺度”噪声轮廓作为研究对象进行分段处理，每段称为一帧，构造协方差矩阵并进行特征值分解。然后，假设叠加在“大尺度”噪声轮廓上微弱的 MT 信号与“大尺度”噪声轮廓互不相关，根据特征值的大小设置阈值等相关参数来判断两者对信号能量的贡献程度；将小特征值(或零特征值)所对应的特征向量置零。接着，重构当前帧的协方差矩阵，降维恢复获得仅包含信号子空间的增强信号。最后，将各帧经上述算法处理后的信号合并，获得更为光滑、连续的“大尺度”强噪声干扰轮廓曲线。

6.4.2 形态－信号子空间增强仿真实验

形态－信号子空间增强算法流程如图 6－12 所示。首先通过形态滤波提取大地电磁强干扰的轮廓曲线，然后运用信号子空间增强对噪声轮廓进一步分离出信号子空间和噪声子空间，最后将信号子空间和重构信号相结合，获取含低频有用信息的大地电磁信号。本节所提及的形态滤波技术均采用书中 4.3.2 所描述的组合广义形态滤波进行去噪处理。

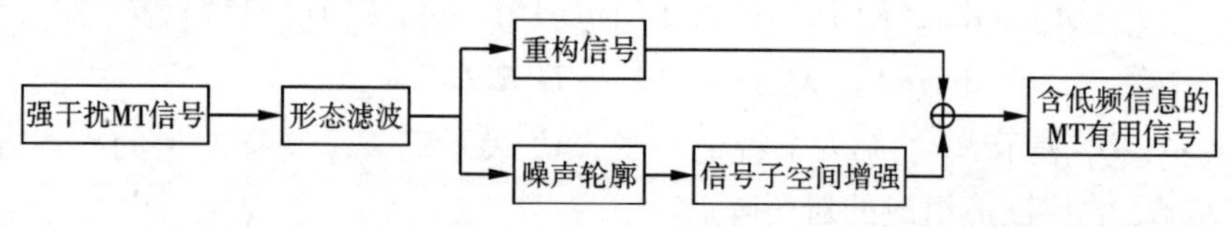

图 6－12　形态－信号子空间增强二次信噪分离流程图

图 6－13 所示为实测电道 E_y 信号中含大尺度类方波干扰的 MT 信号经形态－信号子空间增强处理的仿真效果图。

图 6－14 所示为实测磁道 H_x 信号中含大尺度类充放电三角波干扰的 MT 信号经形态－信号子空间增强处理的仿真效果图。

分析图 6－13 和图 6－14 可知，形态滤波提取的噪声轮廓中包含有许多毛刺成分，这些成分随着强干扰轮廓的提取，往往导致仅采用形态滤波处理后得到的重构信号中会直接丢失这部分有用信息。为了保留这些有用的细节信息，获得更光滑的噪声轮廓曲线，在形态滤波提取的噪声轮廓基础上运用信号子空间增强处理，将噪声轮廓中的噪声子空间置零。从图 6－13 和图 6－14 可知，经信号子空间增强处理后，获得的噪声轮廓曲线更加清晰、平滑，形态－信号子空间增强的重构大地电磁信号中包含了更多有用的细节信息。

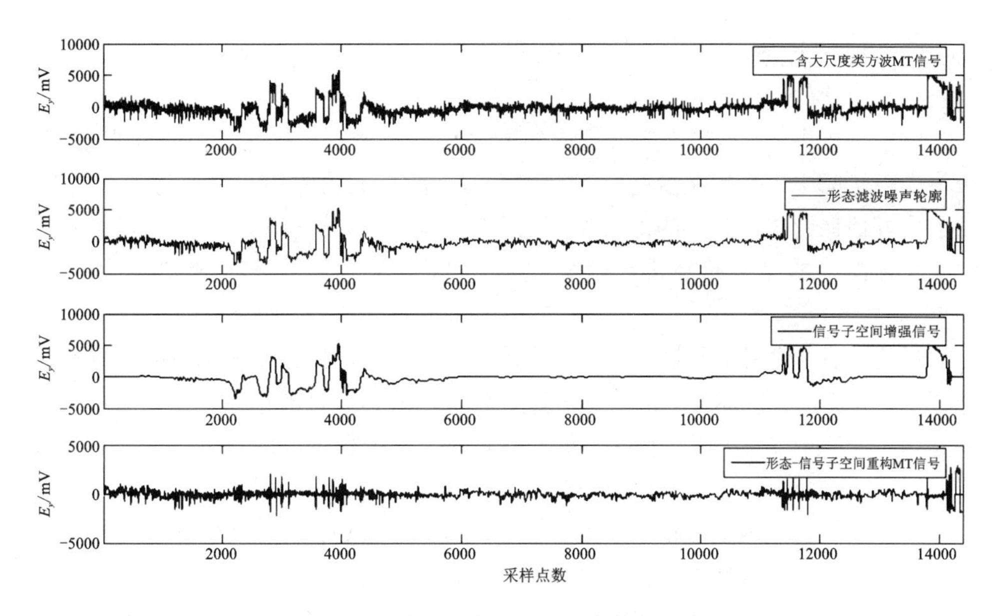

图 6－13　E_y 信号形态－信号子空间增强效果图

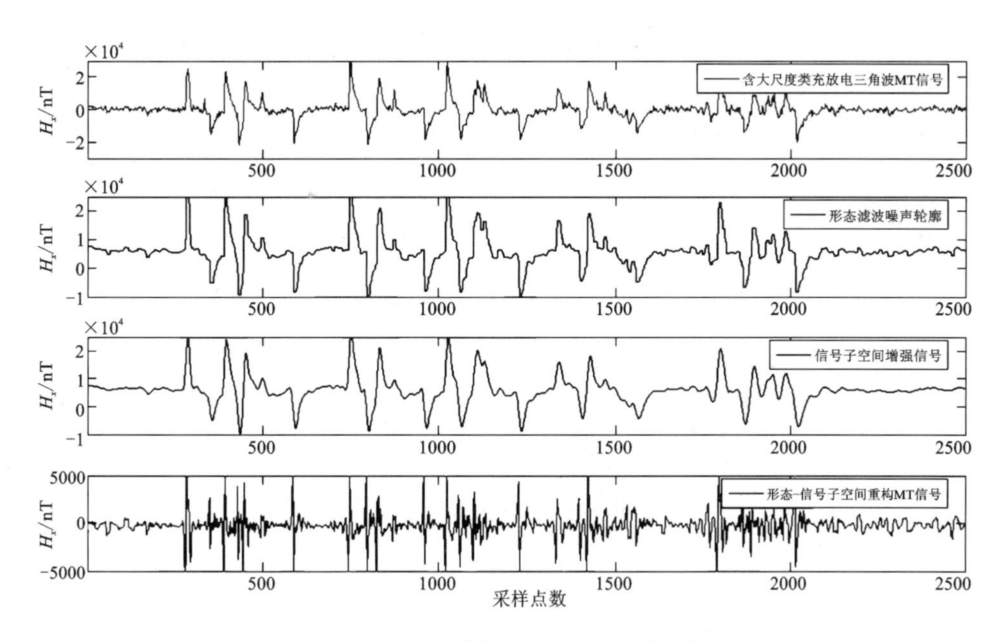

图 6－14　H_x 信号形态－信号子空间增强效果图

6.4.3 信噪识别

以上分析可知，对形态滤波提取的噪声轮廓做进一步信号子空间增强处理，可将噪声轮廓中包含的缓变化信息分离出来，曲线的轮廓特征更加清晰、平滑。为了更好地保留这些有用的低频缓变化信号，本节引入端点检测的概念对信号子空间增强提取的噪声轮廓进行信噪识别，目的是辨别大尺度强噪声干扰的起止点[216, 217]。

目前，端点检测主要是应用在语音信号处理中。通常是指在复杂的背景噪声环境下，选择抗噪性能较好的特征参数来分辨语音信号和非语音信号，确定语音的起始点和终止点，为噪声环境下的语音识别、语音编码提供有力的支持及改善语音质量[218~220]。

语音信号和大地电磁信号都是一维非线性、非平稳信号，将语音信号中的端点检测思路引入到大地电磁信号处理中，区分大地电磁明显强噪声干扰的边界在一定程度上是可行的，可以为提高大地电磁数据质量提供帮助。

分析大地电磁强噪声干扰的时间域波形可知，强噪声干扰的幅值往往是正常有用信号的几个数量级。因此，能量特征是大地电磁有用信号和强噪声干扰最主要的区别之一。

基于信号子空间增强的端点检测流程如图 6－15 所示。

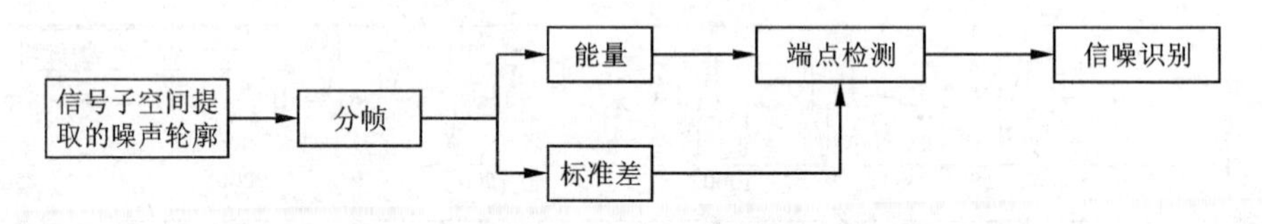

图 6－15　基于信号子空间增强的端点检测程序流程图

以采样率为 24 Hz 的电道和磁道信号为例，通过设置两个门限值来判断强噪声干扰轮廓中大尺度波形的起止时刻，即原始信号中强噪声干扰出现的起止时间段，从而达到信噪识别的目的。

具体步骤如下：

(1) 首先，将时间序列分成若干帧，每帧大约 10 min 左右，帧与帧之间不重叠，求取每帧信号的标准差特征。

(2) 接着，设置初始门限值，判断该帧是否包含强噪声干扰。若该帧的标准差低于初始门限值，则保留不处理，该帧默认为是缓变化信息。同时遵循电道和磁道相关性的原则，即当某一时间段 E_x 分量的标准差低于初始门限值时，相同时刻所对应的 H_y 分量的时间段也保留不处理，反之亦然。

(3)然后，针对高于初始门限值的帧信号进行端点检测。计算该帧中每个采样点信号的归一化能量幅值，通过设置高阶门限值判断该帧的能量特征曲线中强噪声干扰的起始点和终止点。

(4)最后，将端点检测获取的起止时间段所对应的形态－信号子空间增强的重构信号替代同一时间段的原始信号，从而使原始信号中剔除大尺度强噪声干扰，并同时保留含大尺度低频信息的大地电磁有用信号。

图6－16和图6－17所示为电道 E_y 分量和磁道 H_x 分量采用上述方法进行端点检测的仿真效果图，图中竖线表示端点检测程序自动定义的起止点。

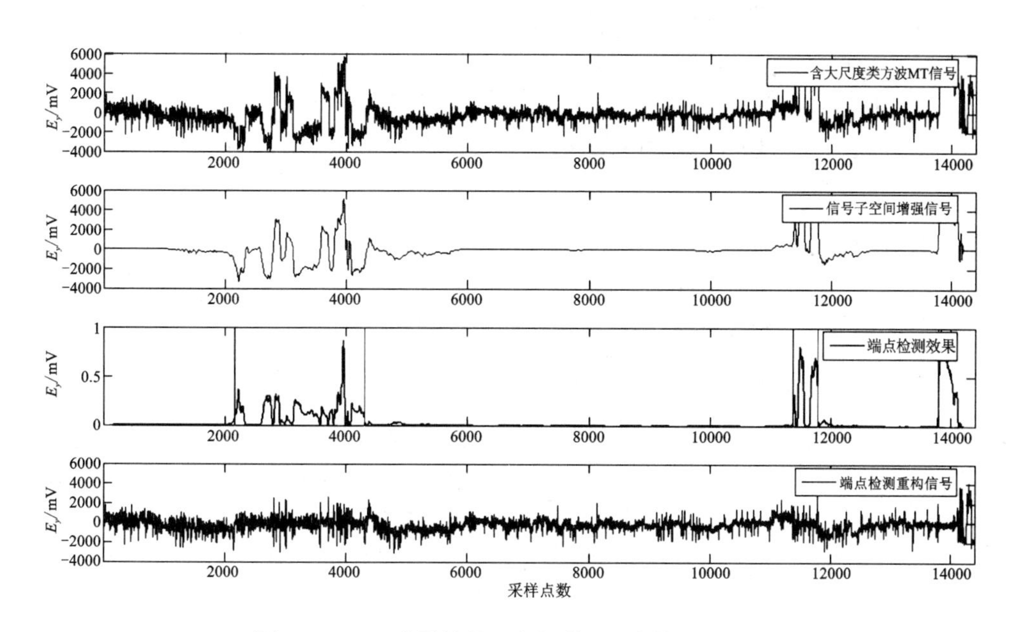

图6－16　E_y 分量信号子空间增强端点检测效果图

分析图6－16和图6－17可知，对信号子空间增强后的信号进一步做端点检测，可以较好地辨别大尺度强噪声干扰的起始点和终止点，含低频缓变化信息的有用信号能更好地保留。

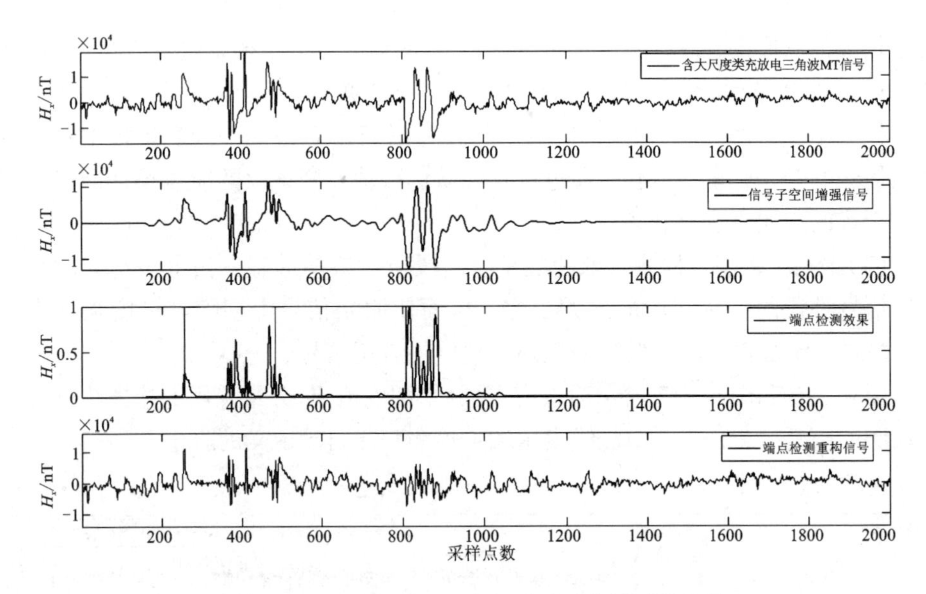

图 6-17 H_x 分量信号子空间增强端点检测效果图

6.5 实际资料分析

6.5.1 基于形态滤波的二次信噪分离流程

图 6-18 所示为基于形态滤波的二次信噪分离基本流程图。

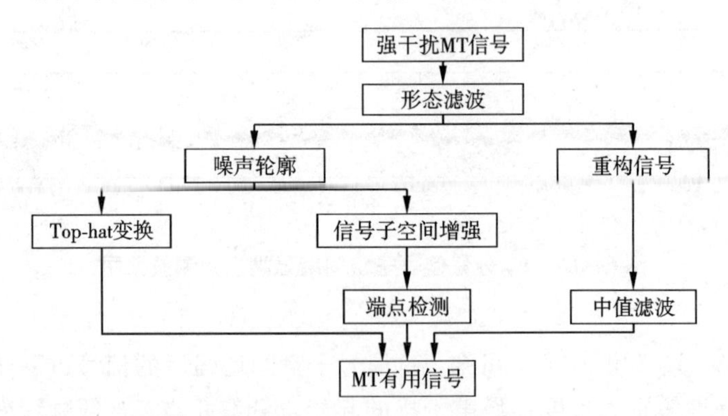

图 6-18 基于形态滤波的二次信噪分离流程图

首先，将强噪声干扰采用形态滤波进行处理，提取出强干扰的噪声轮廓曲线和重构信号。然后，将重构信号进行中值滤波滤除尖脉冲干扰，以及将噪声轮廓曲线通过 Top-hat 变换或信号子空间增强来进一步保留缓变化的信息。最后，获取含有低频缓变化信息的大地电磁有用信号。

6.5.2　实测数据分析

为了说明二次信噪分离方法的去噪效果，本节仍选用书中4.5节提及的矿集区包含复杂噪声干扰类型的实测点进行分析，并与组合广义形态滤波的去噪效果进行对比。

首先，在时间域将该测点文件存储格式为TS5的 E_x、E_y、H_x、H_y 四道数据同时做二次信噪分离处理。然后，将重构后的含低频缓变化信息的MT有用信号做阻抗估算。最后，求解视电阻率-相位曲线。

图6-19所示为该测点经组合广义形态滤波处理和二次信噪分离（信号子空间增强和端点检测）处理后的视电阻率-相位曲线对比图。

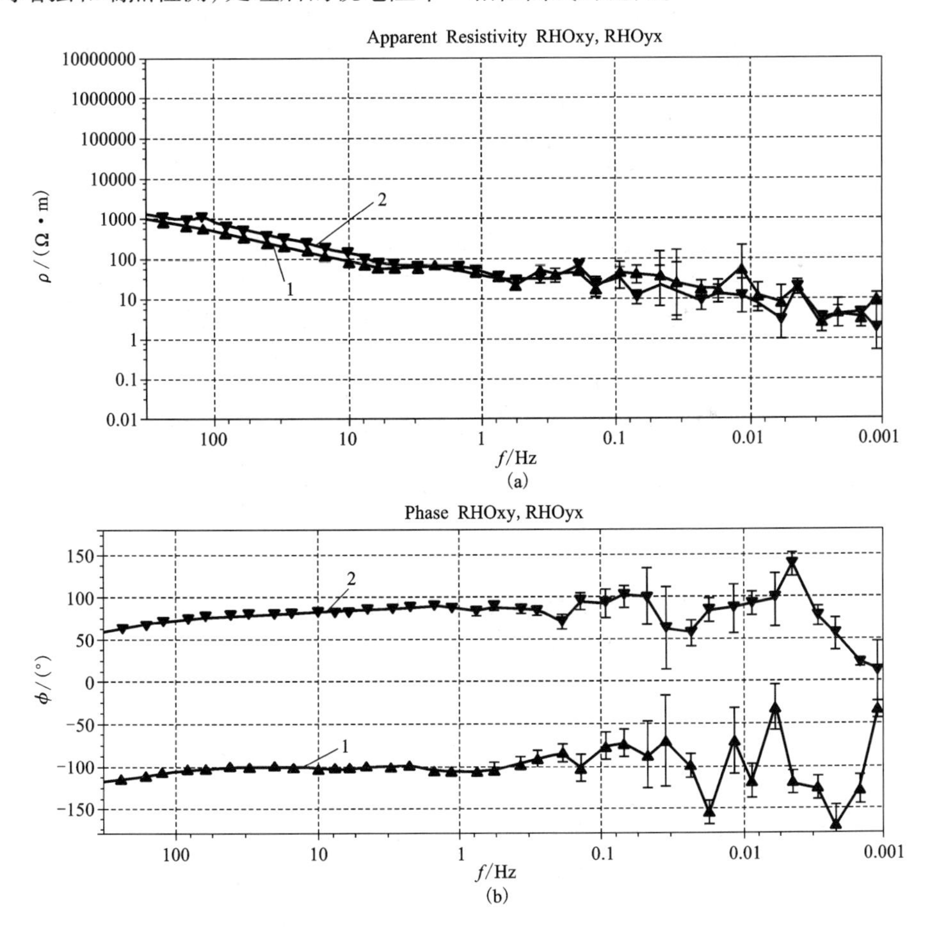

图6-19A　组合广义形态滤波处理的视电阻率-相位曲线对比图

（a）组合广义形态滤波处理的视电阻率曲线；（b）组合广义形态滤波处理的相位曲线

1—*yx* 方向；2—*xy* 方向

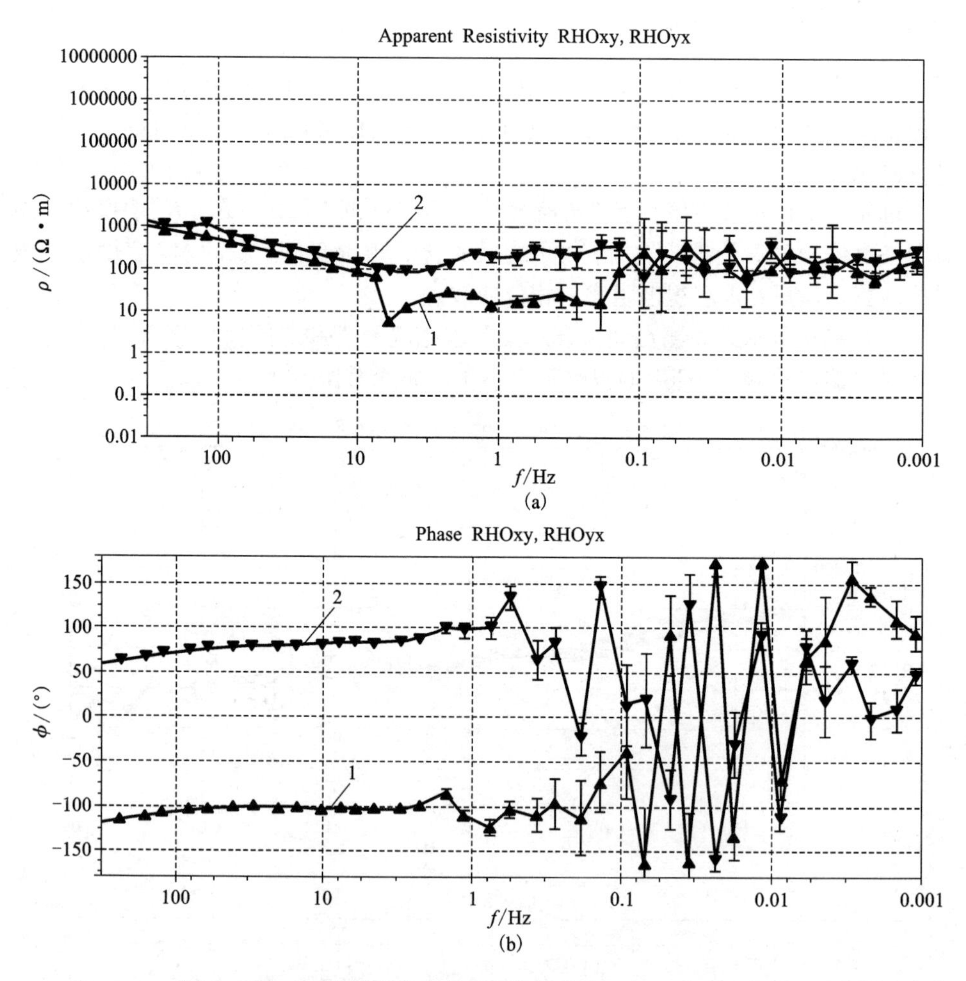

图 6-19D　二次信噪分离处理的视电阻率-相位曲线对比图

(a)二次信噪分离处理的视电阻率曲线；(b)二次信噪分离处理的相位曲线

1—*yx* 方向；2—*xy* 方向

分析图 6-19 可知，经组合广义形态滤波处理后，视电阻率曲线的整体形态变得光滑、平稳，连续性也大为提高，但获得的低频段数据质量仍不够理想，视电阻率曲线在低频段一直呈下降趋势，相位曲线在低频段也不够连续、出现交叉现象，且低频段的误差棒仍然存在。这些现象主要是由于形态滤波在剔除“大尺度”强干扰的同时，也把其中一些有用的低频信号进行了滤除。包含复杂噪声干扰的实测点经二次信噪分离处理后，视电阻率曲线的整体形态则更加平稳。与组合广义形态滤波处理效果相比，在 0.001 ~1 Hz 低频段，视电阻率曲线的下降趋势得到了明显改善。*xy* 方向的视电阻率曲线在低频段出现较好地抬升，且曲线光滑、连续，视电阻率值相对稳定。yx 方向的视电阻率曲线其下降趋势也得到了较好地缓解，但在 8 Hz 处有几个频点出现下降并缓慢提升的现象。二次信噪分离得到的相位曲线在大于 0.5 Hz 时，曲线的整体形态光滑、平稳，但相位曲线在 0.001 ~0.5 Hz 低频段出现频点跳变现象。

以上实验结果表明：基于形态滤波的二次信噪分离方法在去除典型大尺度强干扰的同时，低频有用信息也得到了较好的保留，特别是含低频成分的缓变化信息。视电阻率曲线的整体形态更加光滑、平稳，低频段的下降趋势也得到了明显改善。因此，该方法可以用来弥补形态滤波处理过程中损失的低频有用信号，得到的结果能够更加真实地反映矿集区中含复杂噪声干扰类型的实测点本身所固有的含深部构造信息的大尺度低频成分，低频段的数据质量得到了有效改善。

值得指出的是，由于采集的实测大地电磁数据所处的噪声环境不同，造成待处理信号中包含各种复杂多样的噪声干扰类型，导致二次信噪分离过程中参数的选取相对困难。因此，经二次信噪分离处理后，在超低频段出现视电阻率曲线的误差棒增大、相位曲线频点跳变的现象。

综上可知，如何在矿集区复杂的噪声环境下，对大地电磁强干扰测点进行高保真信噪分离，还有许多工作有待进一步改进和完善，特别是如何根据不同的噪声环境自适应地选取各个滤波参数将是今后的研究重点。

6.6　本章小结

本章首先介绍了 Top-hat 变换、中值滤波和信号子空间增强的基本原理，给出了基于形态滤波的 Top-hat 变换、中值滤波和信号子空间增强的算法流程图。然后，对实测大地电磁强干扰数据进行分析，讨论了 3 种二次信噪分离方法的去噪性能。最后，对矿集区包含复杂噪声干扰类型的实测点进行二次信噪分离处理，综合评价了组合广义形态滤波和二次信噪分离方法的去噪效果。本章主要研究成果如下：

（1）利用 Top-hat 变换对 4 种典型的强噪声干扰类型进行了去噪处理，给出了仿真效果图，从统计参数和曲线相似性参数两方面系统评价了算法的去噪性能。实验结果表明，Top-hat 变换在压制典型强干扰的同时，也保持了原始信号本身所固有的低频缓变化信息。经 Top-hat 变换处理后，波形的相似度明显优于广义形态滤波，信号本身的低频缓变化趋势几乎没有发生变化。

（2）对实测 E_x 和 H_y 分量中含强噪声干扰的大地电磁信号进行了形态 - 中值滤波处理，实验结果表明，重构信号中明显的尖脉冲干扰经中值滤波处理后得到了有效抑制。

（3）对实测 E_y 和 H_x 分量中含强噪声干扰的大地电磁信号进行了形态 - 信号

子空间增强处理，实验结果表明，对形态滤波提取的噪声轮廓进一步做信号子空间增强处理后，曲线的轮廓更加清晰、平滑，重构信号中包含了更多有用的细节成分。在信号子空间增强的基础上，对强噪声干扰的轮廓进一步做端点检测，较好地实现了强干扰和有用信号的边界识别，最大程度地保留了低频缓变化的有用信息。

（4）对矿集区含复杂噪声干扰类型的实测点进行二次信噪分离的实验结果表明，基于形态滤波的二次信噪方法在有效压制强噪声干扰的同时，保留了含低频信息的缓变化信号。视电阻率曲线的整体形态更加光滑、平稳，低频段的下降趋势得到了明显改善、视电阻率值相对稳定。由于测点所包含的噪声类型复杂多样，视电阻率曲线在超低频段的误差棒有所增大、相位出现跳变现象。该方法较好地弥补了形态滤波在提取低频缓变化信息方面的不足，低频段的数据质量得到了有效提高，具有潜在的研究价值。由于矿集区面临复杂的噪声环境，在数学形态学的基础上进一步研究高保真的大地电磁信噪分离方法仍有许多工作有待完善。

第7章　结论与建议

7.1　主要研究成果

随着我国经济的高速发展，人文干扰日益严重，导致在矿集区进行大地电磁测深工作的难度明显增大。本书将数学形态学应用到大地电磁信噪分离中，首先从数学形态学的基本原理出发，介绍了数学形态变换的基本运算及形态滤波器的构建形式。针对庐枞矿集区大地电磁实测数据，研究了典型强噪声干扰类型的特征规律及对大地电磁测深数据质量的影响情况。接着，数值模拟了典型的强噪声干扰类型，系统地研究了结构元素长度及类型的选取规律。剖析了 V5－2000 大地电磁测深系统的数据采集格式，研究了大地电磁原始资料的读取及还原思路。然后，在青海柴达木盆地开展了相关试验研究，选取具有一定代表性的试验点进行组合广义形态滤波处理，研究了该方法对包含比较单一噪声干扰类型测点的去噪效果。针对矿集区中包含复杂噪声干扰类型的实测点进行组合广义形态滤波处理，详细研究了该方法对包含复杂噪声干扰类型测点的信噪分离效果，给出了运用非线性共轭梯度法对庐枞测线形态滤波前后数据的反演解释对比。引入数学形态谱和递归图法对大地电磁信噪辨识进行研究，在多尺度形态学的基础上，构建加权多尺度形态滤波器对大地电磁强干扰进行信噪分离处理。最后，在数学形态滤波的基础上，对形态滤波提取的噪声轮廓或重构信号研究了 Top-hat 变换、中值滤波和信号子空间增强的二次信噪分离方法。针对矿集区中包含复杂噪声干扰类型的实测点进行二次信噪分离处理，综合评价了组合广义形态滤波和二次信噪分离的去噪性能。全书的主要研究成果如下：

(1)在庐枞矿集区选取一类点作为大地电磁测深原始数据，分别在时间域添加实测类方波干扰和类充放电三角波干扰，研究了强噪声干扰类型对卡尼亚电阻率测深曲线的影响。结果表明：添加实测类方波干扰和类充放电三角波干扰后，原始大地电磁数据质量严重下降、信噪比降低，视电阻率曲线呈45°上升，表现为近源效应。

(2)模拟了电道和磁道中典型的大地电磁强噪声干扰进行仿真实验，通过滤波误差和信噪比两个特征参数进行分析评价。结果表明：结构元素长度的选取将影响噪声轮廓提取的准确性。在结构元素有效长度范围内时，结构元素的类型与待处理信号之间具有一定的相似性，但对滤波的整体效果不敏感，仅对精度造成一定的影响，且并不是结构元素的长度越长滤波效果越好。

(3)剖析了 V5 - 2000 大地电磁测深系统的数据采集格式，给出了原始时间序列读取及还原的程序流程图，在 Synchro Time Series View 图形阅读器和 Matlab 环境下对比了原始数据时间序列的观测效果。结果表明：读取及还原的原始时间序列与仪器采集的数据一致，确保了后续资料处理的可靠性。

(4)为了验证数学形态滤波的实用性，对庐枞矿集区中实测的大地电磁强干扰数据进行去噪研究。对比分析了直线型、圆盘型和抛物线型结构元素在不同类型及同一类型不同尺寸情况下的去噪效果。结果表明：圆盘型和抛物线型结构元素较直线型结构元素滤波效果明显，提取的形态轮廓清晰、平滑，重构的大地电磁信号有效地剔除了大尺度干扰和基线漂移，凸出了大地电磁有用信号的相关局部特征。选择合适的结构元素的尺寸能较好地获取叠加在大地电磁有用信号上的噪声轮廓形态，重构后的信号则基本还原了大地电磁有用信号的原始特征。运用非线性共轭梯度法对庐枞测线进行了形态滤波处理，对滤波前后的大地电磁信号进行了非线性共轭梯度反演。实验结果表明，形态滤波能较大程度地改善矿集区大地电磁测深数据品质，反演结果更加真实合理，对电磁法探测结果的处理和反演解释具有重要意义。

(5)为了有效抑制目标信号中的噪声干扰及修正统计偏倚现象，通过分析待处理信号的形态特征，选用合理的结构元素及形态开 - 闭和闭 - 开组合，将正、负结构元素级联构建组合广义形态滤波器对实测大地电磁强干扰进行压制。结果表明：传统形态滤波在获取噪声轮廓上出现严重的毛刺现象，曲线不光滑、连续性差，且在部分曲率最大处造成了信号的失真，滤波效果不佳。组合广义形态滤波则几乎完整地勾勒出整段大尺度的噪声轮廓，曲线自然、光滑，重构信号较好地保留了有用信号的细节信息；同时，重现了原始大地电磁信号的基本形态特征，保持了信号的几何结构，修正了标准形态算子所产生的统计偏倚现象，去噪精度高。

(6)为了验证组合广义形态滤波对实测点的去噪效果，在青海柴达木盆地开展了相关试验研究。以广域电磁发射机发射的伪随机序列作为人工干扰源，分析广域电磁发射机工作前后大地电磁信号受干扰的程度，选择具有一定代表性的试验点进行组合广义形态滤波处理。对比分析该测点在受到广域电磁发射源干扰时间段前、后经组合广义形态滤波处理的时间域波形和卡尼亚电阻率 - 相位测深曲线的改善情况。试验结果表明：组合广义形态滤波对包含比较单一噪声干扰类型的测点具有较好的噪声抑制能力。经组合广义形态滤波处理后，受到广域电磁发射源干扰的时间段波形中基本剔除了大尺度干扰和基线漂移。卡尼亚电阻率 - 相位测深曲线光滑、连续，与未受到广域电磁发射源干扰时间段的曲线形态非常相似，且视电阻率值相对稳定，除个别频点外无明显跳变，只需稍做功率谱筛选即可基本达到未受到干扰时的效果。

(7)对矿集区中包含复杂噪声干扰类型的实测点进行组合广义形态滤波处理，实验结果表明，在时间域波形上，组合广义形态滤波可以更加精确地勾勒出大尺度强干扰的轮廓曲线，重构得到的卡尼亚电阻率－相位测深曲线的整体形态更加光滑、平稳，整体连续性大为提高，误差棒减小，中、低频段的视电阻率曲线的分叉现象完全消失，中频段的近源干扰得到了有效抑制，且视电阻率值相对稳定，数据的整体质量较原始数据有明显改善，为地下电性结构提供了一定的资料可解释性。但是，经组合广义形态滤波处理后，低频段的数据处理效果仍然不够理想，视电阻率曲线在低频段一直呈下降趋势，相位曲线在低频段也不够连续、出现交叉现象，且低频段的误差棒仍然存在。究其原因，可能是由于该测点包含复杂多样的噪声干扰类型，组合广义形态滤波在去除强干扰的同时，也把一些有用的大尺度低频缓变化信息进行了剔除，导致重构后的大地电磁信号中损失了该测点本身所固有的含深部构造信息的大尺度低频成分。因此，在去除大尺度强噪声干扰的同时，有效保留大地电磁低频信息将对低频段数据质量的改善起到关键作用。

(8)介绍了数学形态谱的基本原理，对几乎无电磁干扰、类方波干扰、类充放电三角波干扰和类脉冲干扰大地电磁信号的数学形态谱分布情况进行了讨论，实验结果表明，几乎无干扰的大地电磁信号四种形态谱曲线在不同的结构元素尺度上的变化均非常平稳，其他三种典型强干扰的形态谱在不同尺度上的表现异常明显；形态膨胀运算和形态腐蚀运算获得的形态谱曲线层次分明，在辨识不同信号成分特征上明显优于形态开运算和形态闭运算。

(9)介绍了非线性动力学行为中递归图法的基本原理，在 EMTF 理论电道信号中构造测试信号进行了仿真分析，实验结果表明，递归图可以用来对大地电磁时间序列确定性成分的存在和周期性成分的嵌入进行描述，从动力学角度揭示了信号相空间轨迹的运行方式，并能清晰直观地反映大地电磁信号的动力学特征。该方法能获取系统的全局相关信息，适合于定性判断大地电磁时间序列的非稳态动态变化，为后续建立检验大地电磁信噪分离和信噪辨识评价准则提供了新的研究思路。

(10)介绍了多尺度形态学的基本原理，构建了加权多尺度形态滤波器对大地电磁实测数据进行处理，实验结果表明，加权多尺度形态滤波由于包含了不同尺度的结构元素，通过对大地电磁待处理信号进行全方位扫描，可以更精细地提取大地电磁信号的形态特征信息；与传统形态滤波相比，加权多尺度形态滤波能更精细地保留大地电磁有用信号的细节成分，仅需通过简单的功率谱筛选即可获得光滑、连续的卡尼亚电阻率曲线，低频段的视电阻率趋于平稳且有所改善。该方法突出了信号各尺度下的相关局部特性，有效地增强了传统形态滤波全方位、分层次的刻画能力。

(11)介绍了 Top-hat 变换的基本原理，给出了 Top-hat 变换信噪分离的算法流程图。对典型的实测类方波干扰、类充放电三角波干扰、类脉冲干扰和类阶跃干扰进行了 Top-hat 变换处理，从统计参数和曲线相似性参数两方面系统评价了算法的去噪性能。实验结果表明，Top-hat 变换在有效压制典型强干扰的同时，保留了原始信号本身所固有的低频缓变化信息。经 Top-hat 变换处理后，时域波形的相似度明显优于广义形态滤波的处理效果，信号本身的低频缓变化趋势几乎没有发生变化。

(12)介绍了中值滤波的基本原理，给出了形态 – 中值滤波的算法流程图。由于大地电磁强干扰的宽度不一，结构元素的尺寸很难选取，导致经形态滤波处理后的重构信号中仍留有尖脉冲干扰。对实测电道和磁道信号中含强噪声干扰的大地电磁信号进行了形态 – 中值滤波处理，实验结果表明，该方法能有效抑制残留在重构信号中的尖脉冲干扰。与 Top-hat 变换相比，中值滤波的最大优势在于算法简单，只需要选择中值滤波器的长度，不需要反复调节结构元素的类型和尺寸，降低了算法的复杂度。

(13)介绍了信号子空间增强的基本原理，给出了形态 – 信号子空间增强的算法流程图。为了尽可能地保留低频缓变化信息，在信号子空间增强的基础上引入标准差和能量特征对噪声轮廓曲线进行端点检测，识别有用信号和强噪声干扰的起止点。对实测电道和磁道信号中含强噪声干扰的大地电磁信号进行了形态 – 信号子空间增强处理，实验结果表明，形态 – 信号子空间增强在去除强干扰的同时，更好地保留了低频缓变化信息，重构信号中包含了更多有用的细节成分。在信号子空间增强的基础上，对强噪声干扰的轮廓进一步做端点检测，较好地实现了强干扰和有用信号的边界识别，最好地保留了低频缓变化的有用信息，仿真结果更接近原始大地电磁信号特征。

(14)对矿集区中包含复杂噪声干扰类型的实测点进行二次信噪分离处理，实验结果表明，基于形态滤波的二次信噪分离方法在有效压制强噪声干扰的同时，进一步获取了形态滤波重构过程中损失的含低频信息的缓变化信号。卡尼亚电阻率测深曲线的整体形态更加光滑、平稳，低频段的下降趋势得到了明显的改善、视电阻率值相对稳定。因此，二次信噪分离方法较好地弥补了形态滤波在提取低频缓变化信息方面的不足，低频段的数据质量得到了有效提升，对后续电磁法探测结果的处理及反演解释具有非常重要的实际意义。同时，由于测点所包含的噪声干扰类型复杂多样，视电阻率曲线在超低频段的误差棒有所增大、相位出现跳变现象。

(15)数学形态滤波的优势在于算法原理简单、并行运算速度快，不需要考虑噪声干扰是何种类型，只需选择与目标信号相匹配的结构元素，设计合适的形态学滤波器则能较好地还原待处理信号本身的原始特征。该方法较好地改善了矿集区大地电磁测深数据的品质，适合矿集区海量大地电磁数据处理。可以预测：基于数学形态学的大地电磁信噪分离方法在该领域将具有广阔的应用前景，为大地电磁信号与强干扰的有效分离，以及开展大地电磁深部探测与深部找矿提供了新的解决途径。由于在矿集区开展大地电磁测深面临非常复杂的噪声环境，因此，在数学形态学的基础上进一步研究高保真的大地电磁信噪分离方法仍有许多工作有待完善。

7.2 主要创新点

(1)以长江中下游庐枞矿集区宽频带大地电磁资料为基础，详细分析了影响矿集区大地电磁数据质量的几种典型强干扰的特征，包括时间域波形及卡尼亚电阻率测深曲线的影响规律。论证了目前各种去噪方法对这类强干扰的压制效果，指出了这些方法难以取得满意效果的深层次原因，为进一步深入研究矿集区强干扰的压制方法奠定了基础。

(2)假设大地电磁场为平稳随机信号，矿集区强干扰为类周期性信号。以此为基础，提出了基于传统形态滤波和组合广义形态滤波的大地电磁信号与强干扰的分离方法。该方法利用形态学中的腐蚀－膨胀、开－闭等基本运算及其不同的组合，可以从实测大地电磁场波形中提取出类周期性信号，二者相减，从而达到压制干扰的目的。通过模拟仿真，系统讨论了不同类型及尺寸的结构元素对典型类周期性信号的分离效果。

(3)选择电磁环境安静的青海柴达木盆地某测点做试验研究，在进行一昼夜大地电磁数据采集的一段时间内，以大功率的广域电磁发射机向地下供入80A的伪随机信号，首次得到了包含“纯净”的天然大地电磁场和已知强干扰的复杂的电磁场时间域波形。通过全时段和截取时间段处理，分析了人工强干扰的特征及其影响规律。在此基础上，利用形态滤波对强干扰进行了分离，处理后的卡尼亚电阻率－相位测深曲线与未受人工强干扰时间段的处理结果几乎完全相同。试验验证了形态滤波对人工强干扰分离的有效性，为深入研究和实际资料处理奠定了坚实基础。

(4)传统形态滤波在压制大地电磁噪声干扰时采用的是固定尺度的结构元素，导致在保留细节信息和提取轮廓特征上顾此失彼、结果不能真实反映大地电磁信号本身所固有的多尺度特征。在多尺度形态学的基础上，提出一种加权多尺度形态滤波的大地电磁噪声压制方法。通过利用不同尺度的结构元素对待处理信号进行全方位扫描，加权合成获取更为精细的形态特征信息。同时，尝试性地引入递归图法，对不同时间尺度的大地电磁时间序列的动力学行为进行信噪辨识和确定性检验。方法验证了大地电磁信号和强干扰高精细分离的效果，为后续建立信噪分离和信噪辨识评价准则提供了新的思路。

(5)由于矿集区实际干扰的复杂性及形态滤波对低频信号的影响，在形态滤波的基础上，进一步提出了基于 Top-hat 变换、中值滤波和信号子空间增强的二次信噪分离方法，系统讨论了这些方法在保留低频信号及抑制残留尖脉冲干扰等方面的优势。

(6)将广义形态滤波和二次信噪分离方法应用于长江中下游的庐枞矿集区、安庆—景德镇等大地电磁实际资料处理中。通过对时间域波形和卡尼亚电阻率-相位测深曲线特征进行对比分析，认为这些方法在压制矿集区大地电磁强干扰上具有明显效果，可以有效地改善测深曲线的形态，提高大地电磁资料的品质。

7.3 进一步的研究方向和建议

从矿集区强干扰背景下分离出微弱的大地电磁信号是一项极具挑战性的工作，数学形态滤波为大地电磁信号和强干扰的有效分离提供了一条新的解决途径。本书运用数学形态学在大地电磁信号和强干扰分离及信噪辨识方面仅做了一些粗浅的探讨，由于算法本身的复杂性和多样性，在该领域的研究还不够深入，还有许多工作有待完善。基于本书已有的研究工作，提出以下六点建议：

(1)由于结构元素的选取对形态滤波器的去噪效果至关重要，迄今为止，选取何种结构元素及其尺寸只能通过反复实验获得。因此，如何根据复杂的背景噪声环境和待处理信号的形状选择最优的结构元素类型和尺寸，以及合理运用形态变换构建适合于分离矿集区强干扰的广义形态滤波器，仍有待深入研究。

(2)递归图从平稳性和内部相似性角度虽能定性判断大地电磁信号和噪声，但鉴于矿集区噪声源复杂多样，如何通过递归量化分析来定量评价信噪分离效果，以及进一步甄别不同噪声源的类型、明确相应的物理意义将对矿集区大地电磁信噪辨识起到非常积极的改善作用。

(3)与传统形态滤波相比，多尺度形态滤波虽能更好地保留不同尺度下信号的细节成分，但由于矿集区面临复杂的噪声干扰环境，结构元素有效尺度范围仍不能自适应获取，建议接下来吸收人工神经网络、遗传算法、状态机等现代信号处理方法在自适应学习中的优势，系统研究结构元素尺度自适应动态选取的随机全局搜索算法，并设计多尺度形态滤波器的最优构建方案，逐步形成一套适合于矿集区大地电磁强干扰的自适应多尺度形态滤波器的构建方法，实现大地电磁信号和强干扰的全方位、高分辨信噪分离。另外，针对大地电磁信号而言，多尺度形态学中每个尺度的物理含义还有待进一步深入研究。

（4）基于形态滤波的二次信噪分离方法，虽能从噪声轮廓或重构信号中进一步分离出有用的大地电磁信号，但由于实测大地电磁数据中包含非常复杂的噪声干扰类型，导致上述方法在设置相关参数时难度增大、影响滤波效果。建议进一步对二次信噪分离方法进行完善，实现不同噪声环境下自适应选取二次信噪分离过程中的各个滤波参数，并运用小波变换、ICA 等现代数字信号处理技术继续探究二次信噪分离。

（5）由于干扰类型复杂多样，书中仅对大地电磁时间域信号的形态特征进行研究，忽视了干扰在其他方面的特征。建议下一步对矿集区强干扰的本质特征展开深入研究，采用多指标综合的策略，结合电场和磁场极化方向、阻抗估算结果的集中度、时频域分析等噪声水平评价参数，从多个领域来辨识信号与噪声，实现大地电磁信号的精细刻画；同时，结合信息论和统计学等方法，吸收微信号检测、盲源分离和非线性滤波等相关研究领域成熟的去噪性能评价准则，建立一套适合于矿集区的大地电磁信噪分离和信噪辨识的评价体系。

（6）由于时间域大地电磁信号数据量庞大，算法的效率至关重要。建议结合成熟的可视化编程技术，对算法进行组合优化，研发一套适合于矿集区大地电磁强干扰快速分离的可视化系统软件，为实际资料的处理提供便利和支持。

附　录

附录一：基本形态滤波单元构建

```
function out = xtdy (f,g) %% f：输入函数；g：结构元素

fg = funopen (f, g);
fkb = funclose (fg, g);
fk = funclose (f, g);
fbk = funopen (fk, g);
out = (fkb + fbk)/2;


%% 闭运算 先膨胀后腐蚀
function out = funclose (f, g)

N = length(f);
M = length(g);

fpg = zeros(size(f));
fg = zeros(size(g));
  for i = 1: N
    for j = 1: M
        if i - j > =0
            if i - j >0
                fg(j) =f(i - j) + g(j);
            else
                fg(j) =f(1) + g(j);
            end
        end
    end
    fpg(i) =max(fg);
```

```
end

fmg = zeros(size(f));
fk = zeros(size(g));
for i = 1: N
    for j = 1: M
        if i + j < = N
            fk(j) = fpg(i + j) - g(j);
        end
    end
    fmg(i) = min(fk);
end

out = fmg;


%% 开运算 先腐蚀后膨胀
function out = funopen (f, g)

N = length(f);
M = length(g);

fmg = zeros(size(f));
fg = zeros(size(g));
for i = 1: N
    for j = 1: M
            if i + j < = N
                fg(j) = f(i + j) - g(j);
            end
    end
    fmg(i) = min(fg);
end

fpg = zeros(size(f));
fk = zeros(size(g));
```

```
for i = 1:N
    for j = 1:M
          if i - j > = 0
            if i - j >0
              fk(j) = fmg(i - j) + g(j);
            else
                fk(j) = fmg(1) + g(j);
            end
        end
    end
    fpg(i) = max(fk);
end

out = fpg;
```

附录二：// V5 –2000 TSL/TSH 格式转换成 dat 文件子程序

```
void TSL( )
{
    FILE *fp, *time, *EX, *EY, *HX, *HY, *HZ;
    int i, j;
    int *m, *m1;
    int *p, *p1;
    int *q, *q1;
    int *r, *r1;
    int *s, *s1;
    int *t, *t1;
    int filelength;
    unsigned char temp1, temp2, temp3, temp4;
    char ftimename[30];
    char fEXname[30];
    char fEYname[30];
    char fHXname[30];
    char fHYname[30];
    char fHZname[30];
    memset(ftimename, '\0', 30);
    memset(fEXname, '\0', 30);
    memset(fEYname, '\0', 30);
    memset(fHXname, '\0', 30);
    memset(fHYname, '\0', 30);
    memset(fHZname, '\0', 30);
    system("color 2d");
    printf("\n\n\n\n\n\n\n\n\n");
    if(!(fp=fopen(filename, "rb")))
    {
        printf("文件打开失败，程序将自动非正常关闭！\n\n");
        printf("若仍需转换，请核对文件名后，重新启动程序！\n\n");
        printf("                                    ");
        exit(1);
    }
```

```
printf("\n    文件正在转换，请稍后!");
filelength = filesize(fp);
filelength = filelength/376;
m = (int *)calloc(filelength * 16, sizeof(int));
m1 = m;
p = (int *)calloc(filelength * 24, sizeof(int));
p1 = p;
q = (int *)calloc(filelength * 24, sizeof(int));
q1 = q;
r = (int *)calloc(filelength * 24, sizeof(int));
r1 = r;
s = (int *)calloc(filelength * 24, sizeof(int));
s1 = s;
t = (int *)calloc(filelength * 24, sizeof(int));
t1 = t;
for(i = 0;i < filelength;i++)
    {
        for(j = 0;j < 16;j++)
        {
            fread(&temp4, sizeof(char), 1, fp);
            *m++ = (int)temp4;
        }
        for(j = 0;j < 24;j++)
        {
            fread(&temp1, sizeof(char), 1, fp);
            fread(&temp2, sizeof(char), 1, fp);
            fread(&temp3, sizeof(char), 1, fp);
            if(temp3 >= 128)
              *p++ = (temp1 - 256) + (temp2 - 255) * 256 + (temp3 -
255) * 65536;
            else
             *p++ = temp1 + temp2 * 256 + temp3 * 65536;
            fread(&temp1, sizeof(char), 1, fp);
            fread(&temp2, sizeof(char), 1, fp);
            fread(&temp3, sizeof(char), 1, fp);
```

```
            if(temp3 > =128)
                *q++=(temp1-256)+(temp2-255)*256+(temp3
-255)*65536;
            else
                *q++=temp1+temp2*256+temp3*65536;
            fread(&temp1, sizeof(char), 1, fp);
            fread(&temp2, sizeof(char), 1, fp);
            fread(&temp3, sizeof(char), 1, fp);
            if(temp3 > =128)
                *r++=(temp1-256)+(temp2-255)*256+(temp3-
255)*65536;
            else
                *r++=temp1+temp2*256+temp3*65536;
            fread(&temp1, sizeof(char), 1, fp);
            fread(&temp2, sizeof(char), 1, fp);
            fread(&temp3, sizeof(char), 1, fp);
            if(temp3 > =128)
                *s++=(temp1-256)+(temp2-255)*256+(temp3
-255)*65536;
            else
                *s++=temp1+temp2*256+temp3*65536;
            fread(&temp1, sizeof(char), 1, fp);
            fread(&temp2, sizeof(char), 1, fp);
            fread(&temp3, sizeof(char), 1, fp);
            if(temp3 > =128)
                *t++=(temp1-256)+(temp2-255)*256+(temp3-
255)*65536;
            else
                *t++=temp1+temp2*256+temp3*65536;
        }
    }
  stringlength=strlen(filename);
  strncpy(ftimename, filename, stringlength-4);
  strcat(ftimename, "TSLtime.dat");
  if(!(time=fopen(ftimename, "w")))
```

```
{
    printf("File cannot be opened\n");
    exit(1);
}
m = m1;
for (i = 0; i < filelength * 16; i + +, m + +)
    fprintf(time, "%d ", *m);
fclose(time);
strncpy(fEXname, filename, stringlength - 4);
strcat(fEXname, "TSLEX.dat");
if(!(EX = fopen(fEXname, "w")))
{
    printf("File cannot be opened\n");
    exit(1);
}
p = p1;
for (i = 0; i < filelength * 24; i + +, p + +)
fprintf(EX, "%d ", *p);
fclose(EX);
strncpy(fEYname, filename, stringlength - 4);
strcat(fEYname, "TSLEY.dat");
if(!(EY = fopen(fEYname, "w")))
{
    printf("File cannot be opened\n");
    exit(1);
}
q = q1;
for(i = 0;i < filelength * 24;i + +, q + +)
    fprintf(EY, "%d ", *q);
fclose( EY);
strncpy(fHXname, filename, stringlength - 4);
strcat(fHXname, "TSLHX.dat");
if(!(HX = fopen(fHXname, "w")))
{
    printf("File cannot be opened\n");
```

```
        exit(1);
    }
    r = r1;
    for (i = 0; i < filelength * 24; i++, r++)
        fprintf(HX, "%d", *r);
    fclose( HX);
    strncpy(fHYname, filename, stringlength - 4);
    strcat(fHYname, "TSLHY.dat");
    if(! (HY = fopen(fHYname, "w")))
    {
        printf("File cannot be opened\n");
        exit(1);
    }
    s = s1;
    for (i = 0; i < filelength * 24; i++, s++)
        fprintf(HY, "%d", *s);
    fclose( HY);
    strncpy(fHZname, filename, stringlength - 4);
    strcat(fHZname, "TSLHZ.dat");
    if(! (HZ = fopen(fHZname, "w")))
    {
        printf("File cannot be opened\n");
        exit(1);
    }
    t = t1;
    for (i = 0; i < filelength * 24; i++, t++)
        fprintf(HZ, "%d ", *t);
    fclose( HZ);
    system("cls");
}


void TSH()
{
    FILE *fp, *time320, *EX320, *EY320, *HX320, *HY320, *HZ320,
```

```
*time2560, *EX2560, *EY2560, *HX2560, *HY2560, *HZ2560;
    int i, j, k;
    int flag2 =0, flag3 =0;
    int *m320, *m1320;
    int *p320, *p1320;//EX320
    int *q320, *q1320;//EY320
    int *r320, *r1320;//HX320
    int *s320, *s1320;//HY320
    int *t320, *t1320;//HZ320
    int *m2560, *m12560;
    int *p2560, *p12560;//EX2560
    int *q2560, *q12560;//EY2560
    int *r2560, *r12560;//HX2560
    int *s2560, *s12560;//HY2560
    int *t2560, *t12560;//HZ2560
    int filelength;
    char temp[16];
    long count =0;
    int number;
    unsigned char temp1320, temp2320, temp3320;
    unsigned char temp12560, temp22560, temp32560;
    char ftime2560name[30];
    char ftime320name[30];
    char fEX2560name[30];
    char fEX320name[30];
    char fEY2560name[30];
    char fEY320name[30];
    char fHX2560name[30];
    char fHX320name[30];
    char fHY2560name[30];
    char fHY320name[30];
    char fHZ2560name[30];
    char fHZ320name[30];
    memset(ftime2560name, '\0', 30);
    memset(ftime320name, '\0', 30);
```

```
memset(fEX2560name, '\0 ', 30);
memset(fEX320name, '\0 ', 30);
memset(fEY2560name, '\0 ', 30);
memset(fEY320name, '\0 ', 30);
memset(fHX2560name, '\0 ', 30);
memset(fHX320name, '\0 ', 30);
memset(fHY2560name, '\0 ', 30);
memset(fHY320name, '\0 ', 30);
memset(fHZ2560name, '\0 ', 30);
memset(fHZ320name, '\0 ', 30);
system("color 1d");
printf("\n\n\n\n\n\n\n\n\n");
if(!(fp=fopen("E22414A.TSH","rb")))
{
    printf("文件打开失败，程序将自动非正常关闭！\n\n");
    printf("若仍需转换，请核对文件名后，重新启动程序！\n\n");
    printf("                                  ");
    exit(1);
}
printf("\n    文件正在转换，请稍后!");
filelength=filesize(fp);
m320=(int*)calloc((filelength/7694)*8*16, sizeof(int));
m1320=m320;
p320=(int*)calloc((filelength/7694)*2560, sizeof(int));
p1320=p320;
q320=(int*)calloc((filelength/7694)*2560, sizeof(int));
q1320=q320;
r320=(int*)calloc((filelength/7694)*2560, sizeof(int));
r1320=r320;
s320=(int*)calloc((filelength/7694)*2560, sizeof(int));
s1320=s320;
t320=(int*)calloc((filelength/7694)*2560, sizeof(int));
t1320=t320;
m2560=(int*)calloc((filelength/7694)*16, sizeof(int));
m12560=m2560;
```

```
p2560 = (int * )calloc((filelength/7694) * 2560, sizeof(int));
p12560 = p2560;
q2560 = (int * )calloc((filelength/7694) * 2560, sizeof(int));
q12560 = q2560;
r2560 = (int * )calloc((filelength/7694) * 2560, sizeof(int));
r12560 = r2560;
s2560 = (int * )calloc((filelength/7694) * 2560, sizeof(int));
s12560 = s2560;
t2560 = (int * )calloc((filelength/7694) * 2560, sizeof(int));
t12560 = t2560;
while(count < filelength)
{
    fseek(fp, count * sizeof(char), 0);
    for(j = 0;j < 16;j + + )
    fread(&temp[j], sizeof(char), 1, fp);
    number = temp[10] + temp[11] * 256;
    count + = 16;
    fseek(fp, count * sizeof(char), 0);
    if(number = = 2560)
    {
        for(i = 0;i < 16;i + + )
            * m2560 + + = (int)temp[i];
        for(j = 0;j < 2560;j + + )
        {

            fread(&temp12560, sizeof(char), 1, fp);
            fread(&temp22560, sizeof(char), 1, fp);
            fread(&temp32560, sizeof(char), 1, fp);
            if(temp32560 > = 128)
  * p2560 + + = (temp12560 - 256) + (temp22560 - 255) * 256 + (temp32560 -
255) * 65536;
            else
              * p2560 + + = temp12560 + temp22560 * 256 + temp32560
* 65536;
            fread(&temp12560, sizeof(char), 1, fp);
```

```
                fread( &temp22560, sizeof( char) , 1 , fp) ;
                fread( &temp32560, sizeof( char) , 1 , fp) ;
                if( temp32560 > =128)
    * q2560 + + = ( temp12560 - 256) + ( temp22560 - 255) * 256 + ( temp32560 -
255) * 65536;
                else
                    * q2560 + + = temp12560 + temp22560 * 256 + temp32560
* 65536;
                fread( &temp12560, sizeof( char) , 1 , fp) ;
                fread( &temp22560, sizeof( char) , 1 , fp) ;
                fread( &temp32560, sizeof( char) , 1 , fp) ;
                if( temp32560 > =128)
    * r2560 + + = ( temp12560 - 256) + ( temp22560 - 255) * 256 + ( temp32560 -
255) * 65536;
                else
                    * r2560 + + = temp12560 + temp22560 * 256 + temp32560
* 65536;
                fread( &temp12560, sizeof( char) , 1 , fp) ;
                fread( &temp22560, sizeof( char) , 1 , fp) ;
                fread( &temp32560, sizeof( char) , 1 , fp) ;
                if( temp32560 > =128)
    * s2560 + + = ( temp12560 - 256) + ( temp22560 - 255) * 256 + ( temp32560 -
255) * 65536;
                else
                    * s2560 + + = temp12560 + temp22560 * 256 + temp32560
* 65536;
                fread( &temp12560, sizeof( char) , 1 , fp) ;
                fread( &temp22560, sizeof( char) , 1 , fp) ;
                fread( &temp32560, sizeof( char) , 1 , fp) ;
                if( temp32560 > =128)
    * t2560 + + = ( temp12560 - 256) + ( temp22560 - 255) * 256 + ( temp32560 -
255) * 65536;
                else
                    * t2560 + + = temp12560 + temp22560 * 256 + temp32560
* 65536;
```

```
                count + =15;
            }
                flag2 + +;
            }
            else
                if(number = =320)
                {
                    for(i =0;i <16;i + +)
                        * m320 + + =(int)temp[i];
                    for(k =0;k <320;k + +)
                    {
                        fread(&temp1320, sizeof(char), 1, fp);
                        fread(&temp2320, sizeof(char), 1, fp);
                        fread(&temp3320, sizeof(char), 1, fp);
                        if(temp3320 > =128)
        * p320 + + =(temp1320 -256) + (temp2320 -255) * 256 + (temp3320
-255) * 65536;
                        else
                         * p320 + + =temp1320 + temp2320 * 256 + temp3320
* 65536;
                        fread(&temp1320, sizeof(char), 1, fp);
                        fread(&temp2320, sizeof(char), 1, fp);
                        fread(&temp3320, sizeof(char), 1, fp);
                        if(temp3320 > =128)
        * q320 + + =(temp1320 -256) + (temp2320 -255) * 256 + (temp3320
-255) * 65536;
                        else
                         * q320 + + =temp1320 + temp2320 * 256 + temp3320
* 65536;
                        fread(&temp1320, sizeof(char), 1, fp);
                        fread(&temp2320, sizeof(char), 1, fp);
                        fread(&temp3320, sizeof(char), 1, fp);
                        if(temp3320 > =128)
        * r320 + + =(temp1320 -256) + (temp2320 -255) * 256 + (temp3320 -
255) * 65536;
```

```
                        else
                          * r320 + + = temp1320 + temp2320 * 256 + temp3320
* 65536;
                        fread( &temp1320, sizeof( char) , 1, fp);
                        fread( &temp2320, sizeof( char) , 1, fp);
                        fread( &temp3320, sizeof( char) , 1, fp);
                        if( temp3320 > = 128)
        * s320 + + = ( temp1320 - 256) + ( temp2320 - 255) * 256 + ( temp3320 -
255) * 65536;
                        else
                          * s320 + + = temp1320 + temp2320 * 256 + temp3320
* 65536;
                        fread( &temp1320, sizeof( char) , 1, fp);
                        fread( &temp2320, sizeof( char) , 1, fp);
                        fread( &temp3320, sizeof( char) , 1, fp);
                        if( temp3320 > = 128)
        * t320 + + = ( temp1320 - 256) + ( temp2320 - 255) * 256 + ( temp3320 -
255) * 65536;
                        else
                          * t320 + + = temp1320 + temp2320 * 256 + temp3320
* 65536;
                        count + = 15;
                    }
                    flag3 + +;
                }
                else
                {
                    printf( "读取数据出错\n" );
                    exit(1);
                }
    }
    stringlength = strlen( filename) ;
    strncpy( ftime2560name, filename, stringlength - 4) ;
    strcat( ftime2560name, "TSHtime2560. dat" ) ;
    if( ! ( time2560 = fopen( ftime2560name, "w" ) ) )
```

```
{
    printf("File cannot be opened\n");
    exit(1);
}
m2560 = m12560;
for (i = 0; i < flag2 * 16; i ++, m2560 ++)
    fprintf(time2560, "%d ", *m2560);
fclose(time2560);
strncpy(ftime320name, filename, stringlength - 4);
strcat(ftime320name, "TSHtime320.dat");
if(!(time320 = fopen(ftime320name, "w")))
{
    printf("File cannot be opened\n");
    exit(1);
}
m320 = m1320;
for(i = 0; i < flag3 * 16; i ++, m320 ++)
    fprintf(time320, "%d", *m320);
fclose(time320);
strncpy(fEX2560name, filename, stringlength - 4);
strcat(fEX2560name, "TSHEX2560.dat");
if(!(EX2560 = fopen(fEX2560name, "w")))
{
    printf("File cannot be opened\n");
    exit(1);
}
p2560 = p12560;
for(i = 0; i < flag2 * 2560; i ++, p2560 ++)
    fprintf(EX2560, "%d", *p2560);
fclose(EX2560);
strncpy(fEX320name, filename, stringlength - 4);
strcat(fEX320name, "TSHEX320.dat");
if(!(EX320 = fopen(fEX320name, "w")))
{
    printf("File cannot be opened\n");
```

```
        exit(1);
    }
    p320 = p1320;
    for(i = 0; i < flag3 * 320; i++, p320++)
    fprintf(EX320, "%d", *p320);
    fclose(EX320);
    strncpy(fEY2560name, filename, stringlength - 4);
    strcat(fEY2560name, "TSHEY2560.dat");
    if(!(EY2560 = fopen(fEY2560name, "w")))
    {
        printf("File cannot be opened\n");
        exit(1);
    }
    q2560 = q12560;
    for(i = 0;i < flag2 * 2560;i++, q2560++)
        fprintf(EY2560, "%d ", *q2560);
    fclose( EY2560);
    strncpy(fEY320name, filename, stringlength - 4);
    strcat(fEY320name, "TSHEY320.dat");
    if(!(EY320 = fopen(fEY320name, "w")))
    {
        printf("File cannot be opened\n");
        exit(1);
    }
    q320 = q1320;
    for(i = 0;i < flag3 * 320;i++, q320++)
        fprintf(EY320, "%d", *q320);
    fclose(EY320);
    strncpy(fHX2560name, filename, stringlength - 4);
    strcat(fHX2560name, "TSHHX2560.dat");
    if(!(HX2560 = fopen(fHX2560name, "w")))
    {
        printf("File cannot be opened\n");
        exit(1);
    }
```

```
r2560 = r12560;
for(i =0; i < flag2 * 2560; i + +, r2560 + +)
    fprintf(HX2560, "%d", * r2560);
fclose( HX2560);
strncpy(fHX320name, filename, stringlength -4);
strcat(fHX320name, "TSHHX320. dat");
if(! (HX320 = fopen(fHX320name, "w")))
{
    printf("File cannot be opened\n");
    exit(1);
}
r320 = r1320;
for(i =0; i < flag3 * 320; i + +, r320 + +)
    fprintf(HX320, "%d", * r320);
fclose( HX320);
strncpy(fHY2560name, filename, stringlength -4);
strcat(fHY2560name, "TSHHY2560. dat");
if(! (HY2560 = fopen(fHY2560name, "w")))
{
    printf("File cannot be opened\n");
    exit(1);
}
s2560 = s12560;
for(i =0; i < flag2 * 2560; i + +, s2560 + +)
    fprintf(HY2560, "%d", * s2560);
fclose( HY2560);
strncpy(fHY320name, filename, stringlength -4);
strcat(fHY320name, "TSHHY320. dat");
if(! (HY320 = fopen(fHY320name, "w")))
{
    printf("File cannot be opened\n");
    exit(1);
}
s320 = s1320;
for (i =0; i < flag3 * 320; i + +, s320 + +)
```

```
        fprintf(HY320, "%d", *s320);
    fclose( HY320);
    strncpy(fHZ2560name, filename, stringlength -4);
    strcat(fHZ2560name, "TSHHZ2560.dat");
    if(! (HZ2560 = fopen(fHZ2560name, "w")))
    {
        printf("File cannot be opened\n");
        exit(1);
    }
    t2560 = t12560;
    for (i =0; i < flag2 * 2560; i + + , t2560 + + )
        fprintf(HZ2560, "%d", *t2560);
    fclose( HZ2560);
    strncpy(fHZ320name, filename, stringlength -4);
    strcat(fHZ320name, "TSHHZ320.dat");
    if(! (HZ320 = fopen(fHZ320name, "w")))
    {
        printf("File cannot be opened\n");
        exit(1);
    }
    t320 = t1320;
    for (i =0; i < flag3 * 320; i + + , t320 + + )
        fprintf(HZ320, "%d", *t320);
    fclose( HZ320);
    system("cls");
}
```

参考文献

[1] 董树文，李廷栋. SinoProbe—中国深部探测实验[J]. 地质学报，2009，83(7)：895 – 909.

[2] 董树文，李廷栋，高锐，等. 地球深部探测国际发展与我国现状综述[J]. 地质学报，2010，84(6)：743 – 770.

[3] 董树文，李廷栋，SinoProbe 团队. 深部探测技术与实验研究(SinoProbe)[J]. 地球学报，2011，32(S1)：3 – 23.

[4] Tikhonov A N. On determining electrical characteristics of the deep layers of the Earth's crust[J]. Dok1. Akad. Nauk. SSSR，1950，73(2)：295 – 297.

[5] Cagniard L. Basic theory of the magnetotelluric method of geophysical prospecting [J]. Geophysics，1953，18(3)：605 – 635.

[6] Kaufman A A，Keller G V. 大地电磁测深法[M]. 北京：地震出版社，1987.

[7] Kaufman A A，Keller G V. 频率域和时间域电磁测深[M]. 北京：地质出版社，1987.

[8] 刘国栋，陈乐寿. 大地电磁测深法研究[M]. 北京：地震出版社，1984.

[9] 陈乐寿，王光锷. 大地电磁测深法[M]. 北京：地质出版社，1990.

[10] 罗延钟，张桂青. 频率域激电法原理[M]. 北京：地质出版社，1988.

[11] 何继善. 可控源音频大地电磁法[M]. 长沙：中南工业大学出版社，1990.

[12] 汤井田，何继善. 可控源音频大地电磁法及其应用[M]. 长沙：中南大学出版社，2005.

[13] 吕庆田，常印佛，SinoProbe – 03 项目组. 地壳结构与深部矿产资源立体探测技术实验—SinoProbe – 03 项目介绍[J]. 地球学报，2011，32(S1)：49 – 64.

[14] 吕庆田，史大年，汤井田，等. 长江中下游成矿带及典型矿集区深部结构探测—SinoProbe – 03 年度进展综述[J]. 地球学报，2011，32(3)：257 – 268.

[15] 王书明，王家映. 关于大地电磁信号非最小相位性的讨论[J]. 地球物理学进展，2004，19(2)：216 – 221.

[16] 王书明，王家映. 大地电磁信号统计特征分析[J]. 地震学报，2004，26(6)：669 – 674.

[17] 徐志敏，汤井田，强建科. 矿集区大地电磁强干扰类型分析[J]. 物探与化探，2012，36(2)：214 – 219.

[18] 朱威，范翠松，姚大为，等. 矿集区大地电磁噪声场源分析及噪声特点[J]. 物探与化探，2011，35(5)：658 – 662.

[19] 刘国栋. 我国大地电磁测深的发展[J]. 地球物理学报，1994，37(S1)：301 – 309.

[20] 魏文博. 我国大地电磁测深新进展及瞻望[J]. 地球物理学进展，2002，17(2)：245 – 254.

[21] 严家斌. 大地电磁信号处理理论及方法研究[D]. 长沙：中南大学，2003.

[22] 杨生. 大地电磁测深法环境噪声抑制研究及应用[D]. 长沙: 中南大学, 2004.
[23] 孙洁, 晋光文, 白登海, 等. 大地电磁测深资料的噪声干扰[J]. 物探与化探, 2000, 24(2): 119 – 126.
[24] 张全胜, 王家映. 大地电磁测深资料的去噪方法[J]. 石油地球物理勘探, 2004, 39 (11): 17 – 23.
[25] 李桐林, 刘福春, 韩英杰, 等. 50 万伏超高压输电线的电磁噪声的研究[J]. 长春科技大学学报, 2000, 30(1): 310 – 315.
[26] 胡家华, 陈清礼, 严良俊, 等. MT 资料的噪声源分析及减小观测噪声的措施[J]. 江汉石油学院学报, 1999, 21(4): 69 – 71.
[27] 苏朱刘, 胡文宝, 张翔. 电磁资料中的物理去噪法[J]. 工程地球物理学报, 2004, 1(2): 110 – 115.
[28] 龚炜, 石青云, 程民德. 数字空间中的数学形态学—理论及应用[M]. 北京: 科学出版社, 1997.
[29] 岳蔚, 刘沛. 基于数学形态学消噪的电能质量扰动检测方法[J]. 电力系统自动化, 2002, 26(7): 13 – 17.
[30] 李兵, 张培林, 任国全, 等. 基于数学形态学的分形维数计算及在轴承故障诊断中的应用[J]. 振动与冲击, 2010, 29(5): 191 – 194.
[31] 赵晓群, 王津. 一种基于形态学的语音增强方法[J]. 同济大学学报: 自然科学版, 2006, 34(10): 1394 – 1397.
[32] 胡广书. 数字信号处理——理论、算法与实现[M]. 北京: 清华大学出版社, 1997.
[33] Vozoff K. The magnetotelluric method in the exploration of sedimentary basins [J]. Geophysics, 1972, 37(1): 98 – 141.
[34] Hermance J F. Processing of magetotelluric data[J]. Phys. Earth Planel Interiors, 1973, 7: 349 – 364.
[35] Kao D W, Rankin D. Enhancement of signal-to-noise ratio in magnetotelluric data [J]. Geophysics, 1977, 42(1): 103 – 110.
[36] Gamble T M, Goubau W M, Clarke J. Magnetotelluric data analysis: removal of Bias [J]. Geophysics, 1978, 43(10): 1157 – 1169.
[37] Gamble T M, Gouban W M, Clarke J. Magnetotelluric with a remote magnetic reference[J]. Geophysics, 1979, 44(1): 53 – 68.
[38] 熊识仲. 远参考道大地电磁测深的实际应用[J]. 石油地球物理勘探, 1990, 25(5): 594 – 599.
[39] 杨生, 鲍光淑, 张全胜. 远参考大地电磁测深法应用研究[J]. 物探与化探, 2002, 26(1): 27 – 31.
[40] 陈清礼, 胡文宝, 苏朱刘, 等. 长距离远参考大地电磁测深试验研究[J]. 石油地球物理勘探, 2002, 37(6): 145 – 148.
[41] Egbert G D, Booker J R. Robust estimation of geomagnetic transfer function[J]. Geophys. J. Roy. Astr. Soc., 1986, 87: 175 – 194.

[42] Larsen J C, Mackie R L. Robust smooth magnetotelluric transfer functions[J]. Geophys. J. Int, 1996, 124(3): 801 - 819.

[43] Sutamo D, Vozoff K. Robust M-estimation of magneloelluric impedance tensors [J]. Expl. Geophys, 1989, 22: 382 - 398.

[44] Sutamo D, Vozoff K. Phase-smoothed robust M-estimation of magnetotelluric impedance function [J]. Geophysics, 1991, 56(12): 1999 - 2007.

[45] 江钊, 刘国栋, 孙洁, 等. Robust 估计及其在大地电磁资料处理中的初步应用[A]. 见: 电磁方法研究与勘探[C]. 北京: 地震出版社, 1993: 60 - 69.

[46] 张全胜, 杨生. 大地电磁测深资料去噪方法应用研究[J]. 石油物探, 2002, 41(4): 493 - 499.

[47] 柳建新, 严家斌, 何继善, 等. 基于相关系数的海底大地电磁阻抗 Robust 估算方法[J]. 地球物理学报, 2003, 46(2): 241 - 245.

[48] MallatS G. A theory for multiresolution signal decomposition: the Wavelet representation[J]. IEEE Transactions on pattern analysis and machine intelligence, 1989, 11(7): 674 - 693.

[49] 邓贵忠, 邸双亮. 小波分析及其应用[M]. 西安: 西安电子科技大学出版社, 1992.

[50] 崔锦泰, 程正兴. 小波分析导论[M]. 西安: 西安交通大学出版社, 1997.

[51] 宋守根, 汤井田, 何继善. 小波分析与电磁测深中静态效应的识别、分离及压制[J]. 地球物理学报, 1995, 38 (1): 120 - 128.

[52] 何兰芳, 王绪本, 王成祥. 应用小波分析提高 MT 资料信噪比[J]. 成都理工学院学报, 1999, 26(3): 299 - 302.

[53] 徐义贤, 王家映. 基于连续小波变换的大地电磁信号谱估计方法[J]. 地球物理学报, 2000, 43(1): 676 - 683.

[54] Trada D O, Travassos J M. Wavelet filtering of magnetotelluric data[J]. Geophysics, 2000, 65: 482 - 491.

[55] 刘宏. 小波分析在 MT 去噪处理中的适定性[J]. 石油地球物理勘探, 2004, 39(4): 331 - 337.

[56] 严家斌, 刘贵忠. 基于小波变换的脉冲类电磁噪声处理[J]. 煤田地质与勘探, 2007, 35 (5): 61 - 65.

[57] 范翠松, 李桐林, 王大勇. 小波变换对 MT 数据中方波噪声的处理[J]. 吉林大学学报: 地球科学版, 2008, 38(S1): 61 - 63.

[58] 张贤达. 时间序列分析—高阶统计量方法[M]. 北京: 清华大学出版社, 1996.

[59] 李宏伟, 程乾生. 高阶统计量与随机信号分析[M]. 武汉: 中国地质大学出版社, 2002.

[60] 杜宁平, 史军, 朱红涛, 等. 高阶统计量分析在油气预测中的应用[J]. 海洋地质动态, 2004, 20(8): 27 - 29.

[61] 王书明, 王家映. 高阶统计量对大地电磁测深资料处理方法的改进[J]. 石油地球物理勘探, 2004, 39(S1): 1 - 4.

[62] 王书明, 王家映. 高阶统计量在大地电磁测深数据处理中的应用研究[J]. 地球物理学报, 2004, 47(5): 928 - 934.

[63] 王书明，李宏伟，王家映，等. 地球物理学中的高阶统计量方法[M]. 北京：科学出版社，2006.

[64] 王通. 大地电磁测深信号的高阶谱估计及应用研究[D]. 长沙：中南大学，2006.

[65] 蔡剑华，胡惟文，任政勇. 基于高阶统计量的大地电磁数据处理与仿真[J]. 中南大学学报：自然科学版，2010，41(4)：1556－1560.

[66] 余灿林. 大地电磁信号处理的自适应滤波研究[D]. 长沙：中南大学，2009.

[67] Huang N E, Shen Z, Long S R, et al. The empirical mode decomposition and the Hilbert spectrum for nonlinear and non-station time series analysis[J]. Proc. R. Soc. Lond. A, 1998, 454: 903－995.

[68] Huang N E, Wu M C, Long S R, et al. A confidence limit for the empirical mode decomposition and Hilbert spectral analysis[J]. Proc. R. Soc. Lond. A, 2003, 459: 2317－2345.

[69] 钟佑明，秦树人，汤宝平. Hilbert-Huang 变换中的理论研究[J]. 振动与冲击，2002，21(4)：13－18.

[70] 汤井田，化希瑞，曹哲民，等. Hilbert-Huang 变换与大地电磁噪声压制[J]. 地球物理学报，2008，51(2)：603－610.

[71] 石春香，罗奇峰. 时程信号的 Hilbert-Huang 变换与小波分析[J]. 地震学报，2003，25(4)：398－405.

[72] 张义平，李夕兵. Hilbert-Huang 变换在爆破震动信号分析中的应用[J]. 中南大学学报：自然科学版，2005，36(5)：882－887.

[73] Rong J, Hong Y. Studies of spectral properties of short genes using the wavelet subspace Hilbert-Huang transform[J]. Physics A, 2008, 387: 4223－4247.

[74] 汤井田，蔡剑华，化希瑞. Hilbert-Huang 变换与大地电磁信号的时频分析[J]. 中南大学学报：自然科学版，2009，40(5)：1399－1405.

[75] 蔡剑华，龚玉蓉，王先春. 基于 Hilbert-Huang 变换的大地电磁测深数据处理[J]. 石油地球物理勘探，2009，44(5)：617－621.

[76] Cai J H, Tang J T, Hua X R, et al. An analysis method for magnetotelluric data based on the Hilbert-Huang transform[J]. Exploration Geophysics, 2009, 40(2): 197－205.

[77] 蔡剑华，汤井田. 基于 Hilbert-Huang 变换的大地电磁信号谱估计方法[J]. 石油地球物理勘探，2010，45(5)：762－767.

[78] 于彩霞，魏文博，景建恩，等. 希尔伯特－黄变换在海底大地电磁测深数据处理中的应用[J]. 地球物理学进展，2010，25(3)：1046－1056.

[79] 覃庆炎，王续本，罗威. EMD 方法在长周期大地电磁测深资料去噪中的应用[J]. 物探与化探，2011，35(1)：113－117.

[80] 罗皓中，王续本，张伟，等. 基于经验模态分解法与小波变换的长周期大地电磁信号去噪方法[J]. 物探与化探，2012，36(3)：452－456.

[81] 景建恩，魏文博，陈海燕，等. 基于广义 S 变换的大地电磁测深数据处理[J]. 地球物理学报，2012，55(12)：4015－4022.

[82] Kapple K N. A data variance technique for automated despiking of magnetotelluric data with a

remote reference[J]. Geophysical Prospecting, 2012, 60(1): 179 - 191.

[83] Chen J, Heincke B, Jegen M, et al. Using empirical mode decomposition to process marine magnetotelluric data[J]. Geophysical Journal International, 2012, 190(1): 293 - 309.

[84] 王辉, 魏文博, 金胜, 等. 基于同步大地电磁时间序列依赖关系的噪声处理[J]. 地球物理学报, 2014, 57(2): 531 - 545.

[85] 王大勇. 长江中下游矿集区综合地质地球物理研究 - 以九瑞、铜陵矿集区为例[D]. 吉林: 吉林大学, 2010.

[86] 范翠松. 矿集区强干扰大地电磁噪声特点及去噪方法研究[D]. 吉林: 吉林大学, 2009.

[87] 黄文彬. 大地电磁测深中磁参数的影响研究[D]. 成都: 成都理工大学, 2009.

[88] 刘国栋, 邓前辉. 电磁方法研究与勘探[M]. 北京: 地震出版社, 1993.

[89] 邓前辉, 白改先. 互功率谱法在大地电磁阻抗张量估算中的应用[J]. 石油地球物理勘探, 1982, 4: 57 - 64.

[90] 严良俊, 胡文宝, 陈清礼, 等. 远参考 MT 方法及其在南方强干扰地区的应用[J]. 江汉石油学院学报, 1998, 20(4): 34 - 38.

[91] 陈高, 金祖发, 马永生, 等. 大地电磁测深远参考技术及应用效果[J]. 石油物探, 2001, 40(3): 112 - 117.

[92] Chave A D, Thomson D J, Ander M E. On the robust estimation of power spectra, coherencies, and transfer functions[J]. J. Geophys. Res., 1987, 92(B1): 633 - 648.

[93] Chave A D, Thomson D J. Some comments on magnetotelluric response function estimation[J]. J. Geophys. Res., 1989, 94(B10): 14215 - 14225.

[94] 高怀静, 汪文秉, 朱光明. 小波变换与信号瞬时特征分析[J]. 地球物理学报, 1997, 40: 821 - 832.

[95] 徐义贤, 王家映. 小波谱及其对谐波信号的刻画能力[J]. 石油地球物理勘探, 1999, 34(1): 22 - 28.

[96] 柳建新, 李杰, 杨俊. 改进的小波分频重构算法在石油地震勘探中的应用[J]. 地球物理学进展, 2010, 25(6): 2009 - 2014.

[97] 曹建章, 宋建平, 唐天同. 瞬变电磁测量中的自适应滤波方法[J]. 煤田地质与勘探, 1997, 25(6): 44 - 47.

[98] 昌彦君, 韩永琦. 江浩. 瞬变电磁法中消除工频噪声的自适应滤波器研究[J]. 工程地球物理学报, 2004, 1(5): 407 - 411.

[99] Rato R T, Ortigueira M D, Batista A G. On the HHT, its problems and some solutions[J]. Mechanical Systems and Signal Processing, 2008, 22(6): 1374 - 1394.

[100] 蔡剑华, 汤井田, 王先春. 基于经验模态分解的大地电磁资料人文噪声处理[J]. 中南大学学报: 自然科学版, 2011, 42(6): 1786 - 1790.

[101] Peng Z K, Tse P W, Chu F L. An improved Hilbert-Huang transform and its application in vibration signal analysis[J]. Journal of Sound and Vibration, 2005, 268(1): 187 - 205.

[102] 唐常青, 吕宏伯, 黄铮, 等. 数学形态学方法及其应用[M]. 北京: 科学出版社, 1990.

[103] Serra J, Soille P. Mathematical morphology and its applications to image processing[M].

Boston: Kluwer Academic Publishers, 1994.

[104] Li J, Tang J T, Xiao X. De-noising algorithm for magnetotelluric signal based on mathematical morphology filtering[J]. Noise and Vibration Worldwide, 2011, 42(11): 65 -72.

[105] Tang J T, Li J, Xiao X, et al. Application of mathematical morphology filtering method in noise suppression of magnetotelluric sounding data[C]. GEM Abstracts, 2011, 15(10): 10.

[106] Tang J T, Li J, Xiao X, et al. Research on strong interference separation based on mathematical morphology filtering for magnetotelluric sounding data in ore concentration area [C]. ISDEL Abstracts, 2011: 77.

[107] 陈乐寿, 刘任, 王天生. 大地电磁测深资料处理与解释[M]. 北京: 石油工业出版社, 1989.

[108] 李建华. FIR 数字滤波技术在电磁法勘探中有效信号的提取研究[D]. 桂林: 桂林工学院, 2008.

[109] 肖晓, 汤井田, 周聪, 等. 庐枞矿集区大地电磁探测及电性结构初探[J]. 地质学报, 2011, 85(5): 873 -886.

[110] 董树文, 高锐, 吕庆田, 等. 庐江—枞阳矿集区深部结构与成矿[J]. 地球学报, 2009, 30(3): 279 -284.

[111] 汤井田, 徐志敏, 肖晓, 等. 庐枞矿集区大地电磁测深强噪声的影响规律[J]. 地球物理学报, 2012, 55(12): 4147 -4159.

[112] 郭自强, 罗祥麟. 矿山爆破中的电磁辐射[J]. 地球物理学报, 1999, 42(6): 834 -840.

[113] 蔡剑华. 基于 Hilbert-Huang 变换的大地电磁信号处理方法与应用研究[D]. 长沙: 中南大学, 2010.

[114] 杨生, 鲍光淑, 张少云. MT 法中利用阻抗相位资料对畸变视电阻率曲线的校正[J]. 地质与勘探, 2001, 37(6): 42 -45.

[115] 林君, 项葵葵, 朱宝龙, 等. MT 信号现场处理的实现技术研究[J]. 数据采集与处理, 1997, 12(1): 52 -55.

[116] 徐志敏. 庐枞大地电磁干扰噪声研究[D]. 长沙: 中南大学, 2012.

[117] Matheron G. Random sets and integral geometry[M]. New York: Wiley Press, 1975.

[118] Serra J. Image analysis and mathematical morphology[M]. New York: Academic Press, 1982.

[119] Haralick R M, Sternberg S R, Zhuang X. Image analysis using mathematical morphology[J]. IEEE Trans on Pattern Analysis and Machine Intelligence, 1987, 9(4): 532 -552.

[120] Lee K H. Adaptive basis matrix for the morphological function processing opening and closing [J]. IEEE Trans. On Image Processing, 1997, 6(5): 769 -774.

[121] Chanda B. A multi-scale morphological edge detector[J]. Pattern Recognition, 1998, 31(10): 1469 - 1478.

[122] 程扬军, 黄纯, 何朝晖, 等. 基于自适应顺序形态滤波的电能质量去噪算法[J]. 计算机仿真, 2009, 26(12): 218 -220.

[123] 杜必强, 唐贵基, 石俊杰. 旋转机械振动信号形态滤波器的设计与分析[J]. 振动与冲击, 2009, 28(9): 79 -81.

[124] 陈辉，胡英，李军. 数学形态学在地震裂缝检测中的应用[J]. 天然气工业，2008，28(3)：48 - 50.

[125] 王润秋，郑桂娟，付洪洲，等. 地震资料处理中的形态滤波去噪方法[J]. 石油地球物理勘探，2005，40(3)：277 - 282.

[126] 李春枝，何荣建，田光明. 数学形态滤波在振动信号分析中的应用研究[J]. 计算机工程与科学，2008，30(9)：126 - 128.

[127] 胡爱军，唐贵基，安连锁. 基于数学形态学的旋转机械振动信号降噪方法[J]. 机械工程学报，2006，42(4)：127 - 130.

[128] Trahanias P E. An approach to QRS complex detection using mathematical morphology[J]. IEEE Trans. on Biomedical Engineering, 1993, 40(2): 201 - 205.

[129] Reinhardt J M, Higgins W E. Comparison between the morphology skeleton and morphology shape decomposition[J]. IEEE Trans onPattern Analysis and Machine Intelligence, 1996, 18(9): 951 - 957.

[130] 张文斌，杨辰龙，周晓军. 形态滤波方法在振动信号降噪中的应用[J]. 浙江大学学报：工学版，2009，43(11)：2096 - 2099.

[131] 赵静，何正友，钱清泉. 利用广义形态滤波与差分熵的电能质量扰动检测[J]. 中国电机工程学报，2009，29(7)：121 - 126.

[132] 陈辉，郭科，胡英. 数学形态学在地震信号处理中的应用研究[J]. 地球物理学进展，2009，24(6)：1995 - 2002.

[133] 沈路，周晓军，张文斌，等. 广义数学形态滤波器的旋转机械振动信号降噪[J]. 振动与冲击，2009，28(9)：70 - 73.

[134] 舒泓，王毅. 基于数学形态滤波和 Hilbert 变换的电压闪变测量[J]. 中国电机工程学报，2008，28(1)：111 - 114.

[135] Goutsias J, Heijmans H J A M. Multiresolution signal decomposition schemes. Part 1: Linear and morphological pyramids[J]. IEEE Trans. On Image Processing, 2000, 9(11): 1862 - 1876.

[136] Goutsias J, Heijmans H J A M. Multiresolution signal decomposition schemes. Part 2: Morphological wavelets[J]. IEEE Trans. On Image Processing, 2000, 9(11): 1877 - 1896.

[137] 黄向生，杨小帆，王阳生. 基于提升方案的高维形态小波构造[J]. 自动化学报，2003，29(5)：726 - 732.

[138] 赵春晖. 数学形态滤波器理论及其算法研究[D]. 哈尔滨：哈尔滨工业大学，1998.

[139] 柏林，刘小峰，秦树人. 小波 - 形态 - EMD 综合分析法及其应用[J]. 振动与冲击，2008，27(5)：1 - 4.

[140] Maragos P, Schafer R W. Morphological filters-Part I: Their set theoretic analysis and relation to linear shift invariant filters[J]. IEEE Trans. On ASSP, 1987, 35(8): 1153 - 1169.

[141] Maragos P, Schafer R W. Morphological filters-Part Ⅱ: Their relation to median, order-statistic and stack filters[J]. IEEE Trans. On ASSP, 1987, 35(8): 1170 - 1184.

[142] Wang J, Xu G H, Zhang Q, et al. Application of improved morphological filter to the extraction

of impulsive attenuation signals[J]. Mechanical Systems and Signal Processing, 2009, 23(1): 236 - 245.

[143] 庚农. 基于形态学理论的目标检测技术[D]. 长沙: 国防科学技术大学, 2000.

[144] 张建成, 吴新杰. 形态滤波在实时信号处理中应用的研究[J]. 传感技术学报, 2007, 20(4): 828 - 831.

[145] 项学智, 赵春晖. 形态梯度恒常的复值小波光流求解[J]. 哈尔滨工程大学学报, 2008, 29(8): 872 - 876.

[146] 马义德, 杨森, 李廉. 一种全方位多角度自适应形态滤波器及其算法[J]. 通信学报, 2004, 25(9): 86 - 92.

[147] 汤井田, 李晋, 肖晓, 等. 基于数学形态滤波的大地电磁强干扰分离方法[J]. 中南大学学报: 自然科学版, 2012, 43(6): 2215 - 2221.

[148] 柳建新, 刘春明, 马捷. V5 - 2000 大地电磁测深仪文件头数据格式研究[J]. 物探与化探计算技术, 2007, 29(4): 359 - 362.

[149] 何兆海. 琼北火山区大地电磁的三维数值模拟研究[D]. 北京: 中国地震局地质研究所, 2004 .

[150] 汤井田, 李晋, 肖晓, 等. 数学形态滤波与大地电磁噪声压制[J]. 地球物理学报, 2012, 55(5): 1784 - 1793.

[151] 白银刚, 于盛林, 李建明. 一类新的广义形态开和广义形态闭滤波器[J]. 中国图象图形学报, 2009, 14(8): 1523 - 1529.

[152] 吕铁英, 彭嘉雄. 一种基于数学形态学的图象多尺度分析方法的研究[J]. 数据采集与处理, 1998, 13(2): 107 - 111.

[153] 王霞. 数学形态学在语音识别中的应用研究[D]. 天津: 河北工业大学, 2008.

[154] 赵春晖, 乔景渌, 孙圣和. 一类多结构元自适应广义形态滤波器[J]. 中国图象图形学报, 1997, 2(11): 806 - 809.

[155] 郭兵, 阳春华, 胡志坤. 基于二抽取的多结构元素并行复合形态滤波器[J]. 湖南师范大学学报: 自然科学版, 2009, 32(4): 51 - 55.

[156] 李晋, 汤井田, 肖晓, 等. 基于组合广义形态滤波的大地电磁资料处理[J]. 中南大学学报: 自然科学版, 2014, 45(1): 173 - 185.

[157] Mackie R L, Madden T R. Three-dimensional magnetotelluric inversion using conjugate gradients[J]. Geophys. J. Int. , 1993, 115: 215 - 229.

[158] Newman G A, Alumbaugh D L. Three-dimensional magnetotelluric inversion using non-linear conjugate gradients[J]. Geophys. J. Int. , 2000, 140: 410 - 424.

[159] Rodi W L, Mackie R L. Nonlinear conjugate gradients algorithm for 2 - D magnetotelluric inversion[J]. Geophysics, 2001, 66(1): 174 - 187.

[160] 胡祖志, 胡祥云, 何展翔. 大地电磁非线性共轭梯度拟三维反演[J]. 地球物理学报, 2006, 49(4): 1226 - 1234.

[161] 李兵, 张培林, 刘东升, 等. 基于自适应多尺度形态梯度变换的滚动轴承故障特征提取[J]. 振动与冲击, 2011, 30(10): 104 - 108.

[162] 李兵，张培林，米双山，等. 机械故障信号的数学形态学分析与智能分类[M]. 北京：国防工业出版社. 2011.

[163] 束洪春，王晶，陈学允. 动态电能质量扰动的多尺度形态学分析[J]. 中国电机工程学报，2004，24(4)：63 -67.

[164] 李青. 多尺度形态学在地震资料数字处理中的应用研究[D]. 青岛：中国石油大学，2005.

[165] Wang R Q, Li Q, Zhang M. Application of multi-scaled morphology in denoising seismic data [J]. Applied Geophysics, 2008, 5(3): 197 -203.

[166] 李天云，祝磊，王飞，等. 基于数学形态谱的配电网接地选线新方法[J]. 电力自动化设备，2009，29(2)：35 -38.

[167] 郝如江，卢文秀，褚福磊. 滚动轴承故障信号的多尺度形态学分析[J]. 机械工程学报，2008，44(11)：160 -165.

[168] Eckman J P, Oliffson K S, Ruelle D. Recurrence plots of dynamical systems[J]. Europhysics Letters, 1987, 4(9): 973 -977.

[169] 孟庆芳，陈珊珊，陈月辉，等. 基于递归量化分析与支持向量机的癫痫脑电自动检测方法[J]. 物理学报，2014，63(5)：050506.

[170] 杨栋，任新伟. 基于递归分析的振动信号非平稳性评价[J]. 振动与冲击，2011，30(12)：39 -43.

[171] Egbert G D, Livelybrooks D W. Single station magnetotelluric impedance estimation: Coherence weighting and the regression M-estimate[J]. Geophysics, 1996, 61(4): 964 -970.

[172] 汤井田，张弛，肖晓，等. 大地电磁阻抗估计方法对比[J]. 中国有色金属学报，2013，23(9)：2351 -2358.

[173] 崔屹. 图象处理与分析：数学形态学方法及应用[M]. 北京：科学出版社，2000.

[174] 白相志，周付根，解永春，等. 新型 Top-hat 变换及其在红外小目标检测中的应用[J]. 数据采集与处理，2009，24(5)：643 -649.

[175] 叶斌，彭嘉雄. 基于形态学 Top-hat 算子的小目标检测方法[J]. 中国图像图形学报，2002，7(7)：638 -642.

[176] 侯阿临，徐欣，史东承，等. 基于 Top-hat 预处理和小波能量分析的车牌定位算法[J]. 吉林大学学报：信息科学版，2007，25(3)：342 -347.

[177] 张文超，王岩飞，陈贺新. 基于 Top-hat 变换的复杂背景下运动点目标识别算法[J]. 中国图象图形学报，2007，12(5)：871 -874.

[178] Burgeth B, Bruhn A, Papenberg N, et al. Mathematical morphology for matrix fields induced by the Loewner ordering in higher dimensions[J]. Signal Processing, 2007, 87(2): 277 -290.

[179] Zeng M, Li J, Peng Z. The design of top-hat morphological filter and application to infrared target detection[J]. Infrared Physics and Technology, 2006, 48: 67 -76.

[180] Jackway P T. Improved morphological top-hat[J]. Electronics Letters, 2000, 36(14): 1194 -1195.

[181] De I, Chanda B, Chattopadhyay B. Enhancing effective depth-of-field by image fusion using

mathematical morphology[J]. Image and Vision Computing, 2006, 24(12): 1278 - 1287.

[182] 金秋春, 郑小东, 童小利. 多方向 Top-hat 变换在叶脉特征提取中的应用研究[J]. 计算机工程与应用, 2011, 47(4): 195 - 197.

[183] Andrei C J, Michael W, Jos R. Morphological hat-transformation scale spaces and their use in pattern classification[J]. Pattern Recognition, 2004, 37: 901 - 915.

[184] Bai X Z, Zhou F G. Unified form for multi-scale top-hat transform based algorithms[C]. CISP, 2010, 3: 1097 - 1100.

[185] 汤井田, 李灏, 李晋, 等. top - hat 变换与庐枞矿集区大地电磁强干扰分离[J]. 吉林大学学报: 地球科学版, 2014, 44(1): 336 - 343.

[186] 娄源清, 李伟. 大地电磁测量中的尖峰干扰抑制问题[J]. 地球物理学报, 1994, 37(S1): 493 - 500.

[187] Gallagher N J, Wise G. A theoretical analysis of the properties of median filters[J]. IEEE Trans on Acoustics, Speech and Signal Processing, 1981, 29(6): 1136 - 1141.

[188] Nodes T. Median filters: Some modifications and their properties[J]. IEEE Trans on Acoustics, Speech and Signal Processing, 1982, 30(5): 739 - 746.

[189] Bednar J B. Applications of median filtering to deconvolution, pulse estimation, and statistical editing of seismic data[J]. Geophysics, 1983, 48(12): 1598 - 1610.

[190] Duncan G, Beresford G. Some analyses of 2 - D median f - k filters[J]. Geophysics, 1995, 60(4): 1157 - 1168.

[191] Mi Y, Li X, Margrave G F. Median filtering in Kirchhoff migration for noisy data[C]. Expanded Abstracts of SEG, 2000: 822 - 825.

[192] Zhang R, Ulrych T J. Multiple suppression based on the migration operator and a hyperbolic median filter[C]. Expanded Abstracts of SEG, 2003: 1949 - 1952.

[193] Liu C, Liu Y, Yang B, et al. A 2D multistage median filter to reduce random seismic noise[J]. Geophysics, 2006, 71(5): 105 - 111.

[194] 张怿平, 夏洪瑞, 董江伟. 循环中值滤波在消除可控震源地震资料噪声中的应用[J]. 江汉石油职工大学学报, 2009, 22(2): 93 - 96.

[195] 刘洋, 刘财, 王典, 等. 时变中值滤波技术在地震随机噪声衰减中的应用[J]. 石油地球物理勘探, 2008, 43(3): 327 - 332.

[196] 刘洋, 王典, 刘财, 等. 局部相关加权中值滤波技术及其在叠后随机噪声衰减中的应用[J]. 地球物理学报, 2011, 54(2): 358 - 367.

[197] 王典. 地震勘探几种数字新技术及其应用[D]. 吉林: 吉林大学, 2006.

[198] Xiao X, Li J, Tang J T. Strong interference separation method based on morphology-median filtering for magnetotelluric sounding data in ore concentration area[J]. International Journal of Advancements in Computing Technology, 2012, 4(16): 396 - 403.

[199] Ephraim Y, Van Trees H L. A signal subspace approach for speech enhancement[J]. IEEE Trans on Speech and Audio Processing, 1995, 3(4): 251 - 266.

[200] Gazor S, Rezayee A. An adaptive KLT approach for speech enhancement[J]. IEEE Trans on

Speech and Audio Processing, 2001, 9(2): 95 -97.

[201] Lev-Ari H, Ephraim Y. Extension of the signal subspace speech enhancement approach to colored noise[J]. IEEE Signal Processing Lett, 2003, 10(4): 104 -106.

[202] Jabloun F, Champagne B. Incorporating the human hearing properties in the signal subspace approach for speech enhancement[J]. IEEE Trans on Speech and Audio Processing, 2003, 11(6): 700 -708.

[203] 方芳，杨士元，侯新国. 基于改进多信号分类法的异步电机转子故障特征分量的提取[J]. 中国机电工程学报，2007，27(30)：72 -76.

[204] 陆文凯，丁文龙，张善文，等. 基于信号子空间分解的三维地震资料高分辨率处理方法[J]. 地球物理学报，2005，48(4)：896 -901.

[205] Hu Y, Loizou P C. A generalized subspace approach for enhancing speech corrupted by colored noise[J]. IEEE Trans on Speech and Audio Processing, 2003, 11(4): 334 -340.

[206] 吴周桥，谈新权. 基于子空间方法的语音增强算法研究[J]. 声学与电子工程，2005，3：20 -23.

[207] 李超，刘文举. 基于F范数的信号子空间维度估计的多通道语音增强算法[J]. 声学学报，2011，36(4)：451 -460.

[208] 王文杰，王霞，王国君，等. 一种改进的子空间语音增强方法[J]. 电子设计工程，2010，18(6)：127 -129.

[209] 曹梅双，曾庆宁，陈芙蓉. 一种基于广义奇异值分解的语音增强算法[J]. 微电子学与计算机，2010，27(3)：83 -86.

[210] 谭乔来，钱盛友，陈亚琦. 基于信号子空间和信息复杂度的语音端点检测[J]. 计算机工程与应用，2007，43(34)：55 -56.

[211] 骆怀恩，容太平. 子空间分解方法在语音增强系统中的应用[J]. 电声技术，2003，1：5 -7.

[212] 徐望，丁琦，王炳锡. 一种基于信号子空间和听觉掩蔽效应的语音增强方法[J]. 电声技术，2003，12：41 -44.

[213] 欧世峰，赵晓晖，顾海军. 改进的基于信号子空间的多通道语音增强算法[J]. 电子学报，2005，33(10)：1786 -1789.

[214] 赵胜跃，戴蓓蒨. 基于最小统计噪声估计的信号子空间语音增强[J]. 数据采集与处理，2007，22(4)：453 -457.

[215] 赵彦平，赵晓晖，顾海军. 冲击噪声环境下基于信号子空间的多通道语音增强算法[J]. 吉林大学学报：工学版，2007，37(2)：453 -457.

[216] 闫润强，朱贻盛. 基于信号递归度分析的语音端点检测方法[J]. 通信学报，2007，28(1)：35 -39.

[217] 李晋，汤井田，王玲，等. 基于信号子空间增强和端点检测的大地电磁噪声压制[J]. 物理学报，2014，63(1)：019101.

[218] 陈振标，徐波. 基于子带能量特征的最优化语音端点检测算法研究[J]. 声学学报，2005，30(2)：171 -176.

[219] Li Q, Zheng J S, Tsai A, et al. Robust endpoint detection and energy normalization for real-

time speech and speaker recognition[J]. IEEE Trans on Speech and Audio Processing, 2002, 10(3): 146 - 157.

[220] Evangelopoulos G, Maragos P. Multiband modulation energy tracking for noisy speech detection [J]. IEEE Trans on Audio, Speech, and Language Processing, 2006, 14(6): 2024 - 2038.

图书在版编目(CIP)数据

大地电磁信号和强干扰的数学形态学分析与应用/李晋,汤井田著.
—长沙:中南大学出版社,2015.12
ISBN 978-7-5487-2068-3

Ⅰ.大... Ⅱ.①李... ②汤... Ⅲ.大地电磁测深-电磁干扰-信号分析 Ⅳ.P631.3

中国版本图书馆 CIP 数据核字(2015)第 295545 号

大地电磁信号和强干扰的数学形态学分析与应用

李 晋 汤井田 著

□责任编辑 刘石年 胡业民
□责任印制 易红卫
□出版发行 中南大学出版社
社址:长沙市麓山南路 邮编:410083
发行科电话:0731-88876770 传真:0731-88710482
□印 装 长沙超峰印务有限公司

□开 本 720×1000 1/16 □印张 11 □字数 212 千字
□版 次 2015 年 12 月第 1 版 □印次 2015 年 12 月第 1 次印刷
□书 号 ISBN 978-7-5487-2068-3
□定 价 55.00 元